Collection
THÉVENET

Mathématiques

S. Thévenet
Inspecteur départemental
de l'Éducation nationale

A. Garioud
Inspecteur départemental
de l'Éducation nationale

N. Pitot
Conseillère pédagogique

CP

BORDAS

Programmes de mai 1985

Nature et objectifs

L'enseignement des mathématiques vise à développer le raisonnement et à cultiver chez l'élève les possibilités d'abstraction. Il apporte une exigence de pensée rigoureuse et d'expression précise. Il fait acquérir des connaissances et compétences dans les domaines numérique et géométrique. Il stimule enfin les ressources de l'imagination.

Instructions

Tous les travaux et exercices donnent lieu à une reprise ordonnée des apports essentiels, transcrite et conservée par l'élève dans son cahier. La tenue du cahier est l'objet de soins constants.

Lors de l'introduction de notions nouvelles, les élèves sont mis en situation d'apprentissage actif : ils découvrent les notions comme des réponses à des problèmes concrets.

On peut répartir ces problèmes en trois groupes :
- Ceux qui permettent la construction de nouveaux outils mathématiques (par exemple l'introduction de la soustraction, de la multiplication, des nombres décimaux).
- Ceux qui invitent à réinvestir des acquis, à en percevoir éventuellement les limites d'utilisation, offrant ainsi au maître les moyens de contrôler le savoir (par exemple la construction d'un objet, l'agrandissement d'une figure, le premier apprentissage de la division euclidienne).
- Ceux, plus complexes, qui suscitent une véritable recherche (par exemple trouver tous les patrons d'un cube).

Demander aux élèves de résoudre des problèmes ne suffit pas pour qu'ils progressent. Il convient, tout en assurant la maîtrise d'un certain nombre d'outils, de procéder à des apprentissages méthodologiques. Pour cela, le maître habitue les élèves à discerner et organiser les données (ce qui suppose des outils et la capacité de les choisir) ; à associer à une question posée les connaissances utiles ; à exprimer, oralement et par écrit, leurs démarches et les résultats obtenus en essayant de les valider.

C'est l'occasion pour l'élève de faire sien le langage mathématique, et d'accéder à l'organisation logique des raisonnements. C'est l'occasion pour le maître de constater réussites et échecs, en s'efforçant de comprendre ce qui les détermine : moment privilégié de l'évaluation. Il est attentif, en particulier, aux interférences éventuelles entre le langage mathématique et la langue courante.

Il importe de développer l'aptitude des élèves à prouver ce qu'ils énoncent. Selon les cas et en fonction de leur maturité, ils savent utiliser une argumentation de type mathématique, mettre en évidence un contre-exemple, confronter le résultat avec la réalité, prêter attention à la différence entre le calculé et le mesuré, etc.

Programmes du cycle préparatoire

L'élève découvre les nombres jusqu'à cent, apprend à utiliser l'addition, s'initie à l'organisation de l'espace et à quelques propriétés géométriques simples, fait des exercices préparatoires à la mesure.

Arithmétique

- Classement et rangement des objets et des collections d'objets selon des critères simples ou composés.
- Écriture et désignation des nombres de un ou deux chiffres selon la numération décimale. Ouverture sur les nombres de plus de deux chiffres.
- Utilisation des écritures additives.
- Distinction du nombre ordinal et du nombre cardinal.
- Comparaison de deux nombres.
- Utilisation des signes : = (égale), ≠ (différent de), < (plus petit que), > (plus grand que).
- Écriture d'une suite de nombres dans l'ordre croissant ou décroissant.
- Problèmes faisant intervenir la somme de deux ou plusieurs nombres. Familiarisation avec les parenthèses ; construction, utilisation et mémorisation de la table d'addition.
- Utilisation de la technique opératoire de l'addition, en particulier avec retenue.
- Problèmes exprimés sous la forme : $a + ... = c$.
- Calcul mental.

Géométrie

- Repérage d'objets dans l'espace.
- Déplacement et construction d'itinéraires en tenant compte de contraintes.
- Utilisation des quadrillages, des diagrammes, des tableaux.
- Reconnaissance et organisation des formes et des figures simples :
  Courbes et domaines : intérieur, extérieur.
  Rosaces, frises, pavages, mosaïques, puzzles.
- Tracés à la règle.

Préparation de la mesure

- Repérage d'événements dans la journée et dans la semaine.
- Mise au point d'une procédure pour comparer la longueur ou la masse d'objets divers.

© BORDAS, Paris, 1986
ISBN 2-04-016273-9
ISSN 0981-5716

illustrations:

Simone Poullenot
Pierrette Boucherot

PRÉFACE

Ce nouveau manuel destiné aux élèves, est conforme à l'esprit des programmes et des instructions pédagogiques de 1985, concernant l'enseignement des mathématiques au Cours Préparatoire.

Il s'agit essentiellement d'un recueil d'exercices d'application et de contrôle. Le plus souvent, le travail sur fiche sera donc l'aboutissement d'une séquence de manipulations et de recherche. Toutefois, certaines fiches sont spécialement conçues pour servir de support à des séances de travail que le maître pourra conduire avec l'ensemble des élèves.

L'ouvrage est organisé autour des principaux objectifs du programme et un cadre de couleur correspond pour chaque fiche à un de ces objectifs :

objectif pédagogique	**couleur du cadre**
manipuler et connaître les collections d'objets	**violet**
connaître le nombre	**bleu**
calculer sur les nombres	**vert**
se situer dans l'espace et l'organiser	**rouge**
situations et problèmes	**jaune**

Le nombre des exercices et des problèmes est important. Certains sont faciles, d'autres plus difficiles. Il n'est pas essentiel que tous les élèves traitent tous les exercices, mais chaque maître peut sélectionner ceux qui s'adaptent le mieux au rythme de chacun.

Ce manuel ne saurait se substituer à l'action pédagogique des maîtres. Ce n'est qu'un outil de travail qui, souhaitons-le, apportera une aide efficace à chacun.

SOMMAIRE

Simone Poullenot a imaginé les personnages de ce livre, a conçu la maquette et réalisé les illustrations.

Pierrette Boucherot a réalisé les dessins géométriques et certaines illustrations.

lignes ouvertes

lignes fermées

1 colorie en vert les fils qui forment une ligne fermée et en rouge les fils qui forment une ligne ouverte.

2 relie toutes les perles jaunes par une ligne fermée.

3 relie toutes les perles bleues par une ligne ouverte.

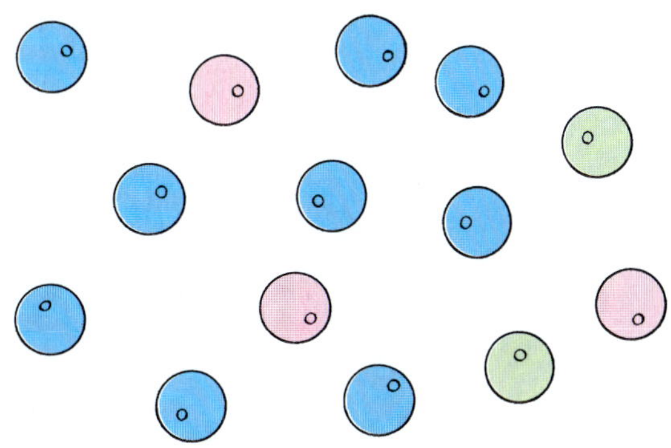

4 colorie en rouge le chemin fermé.

à l'intérieur de, à l'extérieur de, dans

1 colorie en bleu les étoiles situées à l'intérieur de la courbe bleue.

2 colorie en rouge les étoiles situées à l'extérieur de la courbe rouge.

3 colorie en rouge les oiseaux qui sont dans la cage et en jaune les oiseaux qui sont à l'extérieur.

4 colorie la région **intérieure** à la courbe bleue.

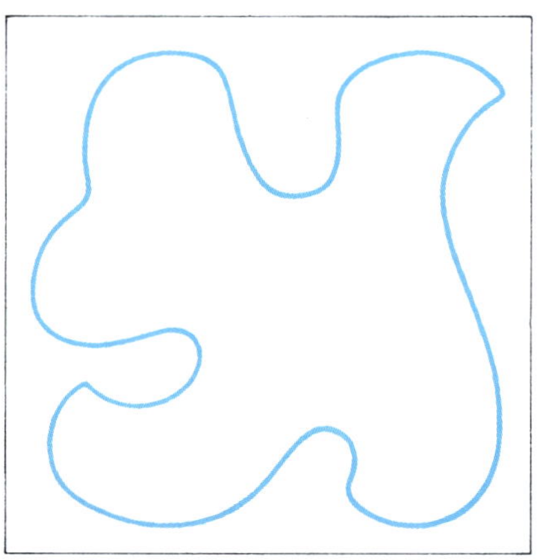

5 colorie la région **extérieure** à la courbe rouge.

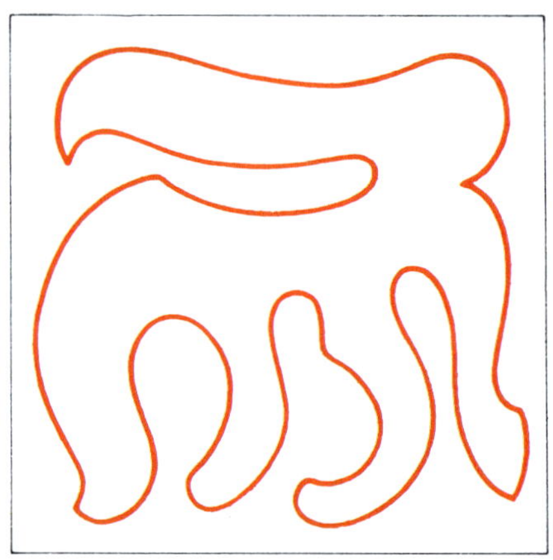

régions et frontières

1 colorie la souris qui peut manger le fromage sans passer la frontière.

2 colorie la noisette que l'écureuil peut croquer sans passer la frontière.

3 colorie la région dans laquelle se trouve le hérisson.

4 colorie chaque région d'une couleur différente.

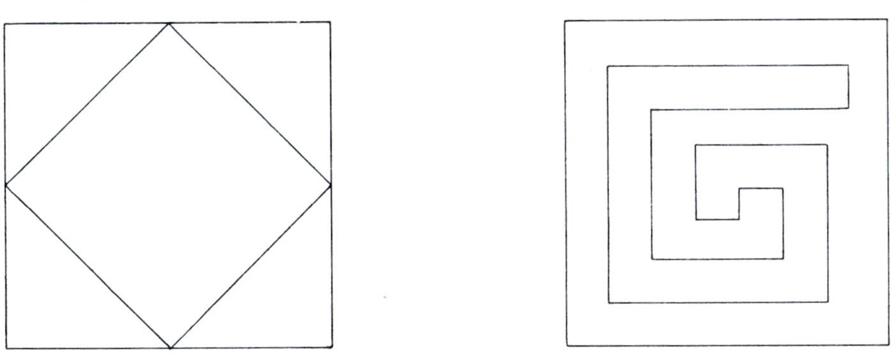

gauche, droite

1 colorie en bleu les voitures qui tournent à droite,
en rouge celles qui tournent à gauche.

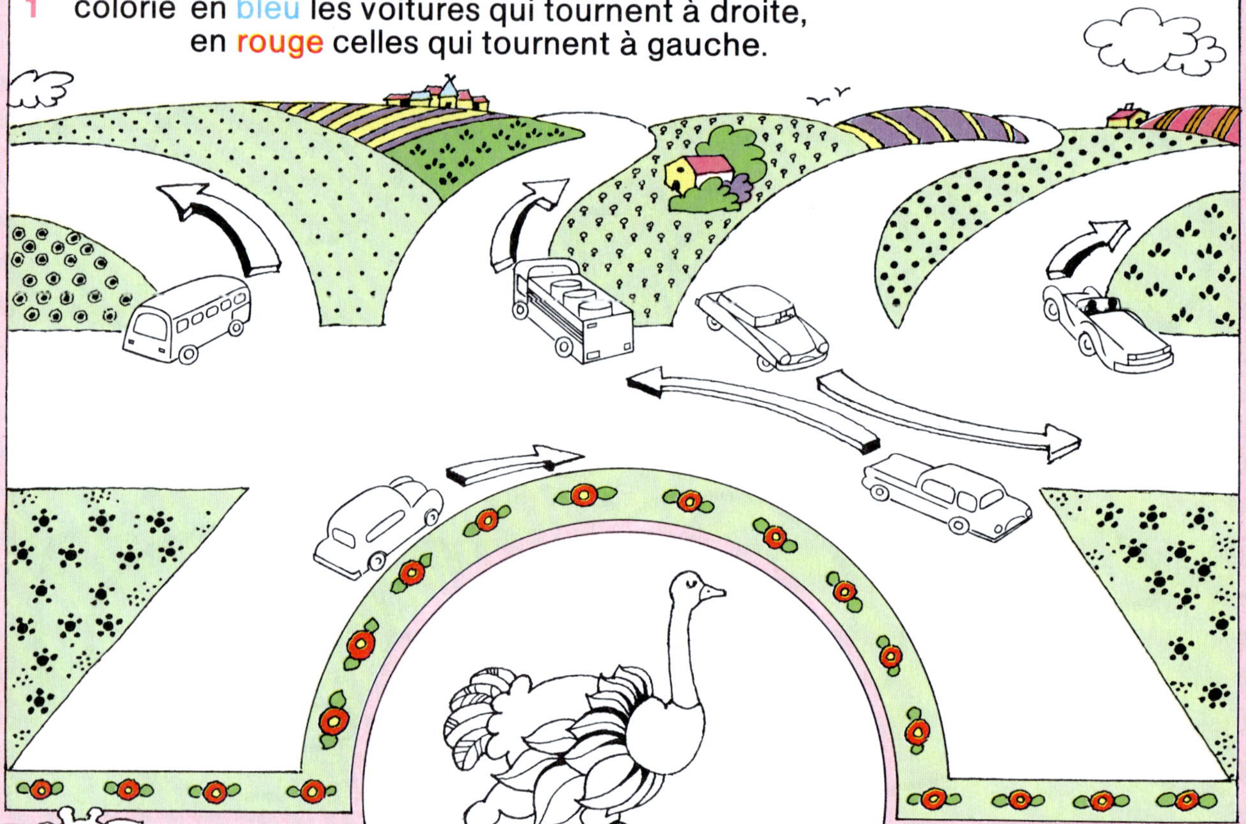

2 colorie les animaux qui se dirigent vers ta gauche.

propriétés des objets

1 entoure en bleu l'ensemble des fruits.

2 entoure en rouge l'ensemble des champignons
et en vert l'ensemble des fleurs.

3 écris la liste des garçons.

écris la liste des filles.

à gauche de à droite de

1 colorie les animaux que tu vois à gauche de la barrière.

2 colorie les papillons que tu vois à gauche de la fleur.

3 colorie tous les ronds que tu vois à gauche du trait rouge.

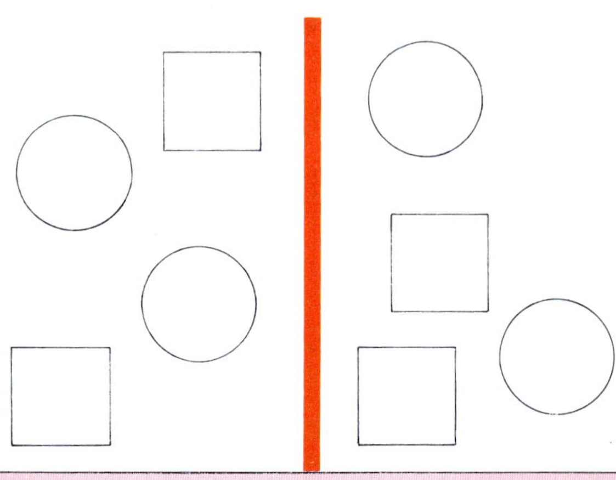

4 colorie tous les carrés que tu vois à droite du trait rouge.

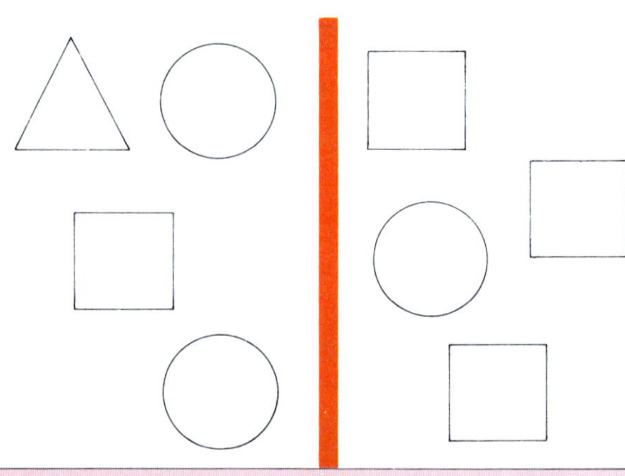

propriétés des objets

1 observe la couleur du ballon de chaque enfant et complète le tableau.

	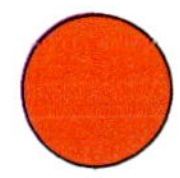	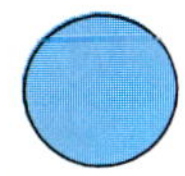
a	X	
b		
c		
d		
e		
f		
g		
h		

2 observe le tableau et colorie le ballon de chaque enfant.

	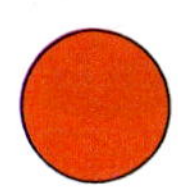	
a	X	
b		X
c	X	
d	X	
e		X
f	X	
g		X

propriétés des objets

1 observe le tableau.
entoure en rouge l'ensemble des enfants qui ont un chien
en bleu l'ensemble des enfants qui ont un chat.

a		
b	×	
c	×	×
d		×
e		×
f	×	
g		

2 entoure en rouge l'ensemble des enfants qui portent des bottes
en bleu l'ensemble des enfants qui portent un bonnet.
complète le tableau.

a	×	
b		
c		
d		
e		
f		
g		

propriétés des objets

1 entoure en rouge l'ensemble des moulins aux ailes rouges,
en bleu l'ensemble des moulins au toit bleu.

2 observe le tableau et colorie les ailes des moulins.

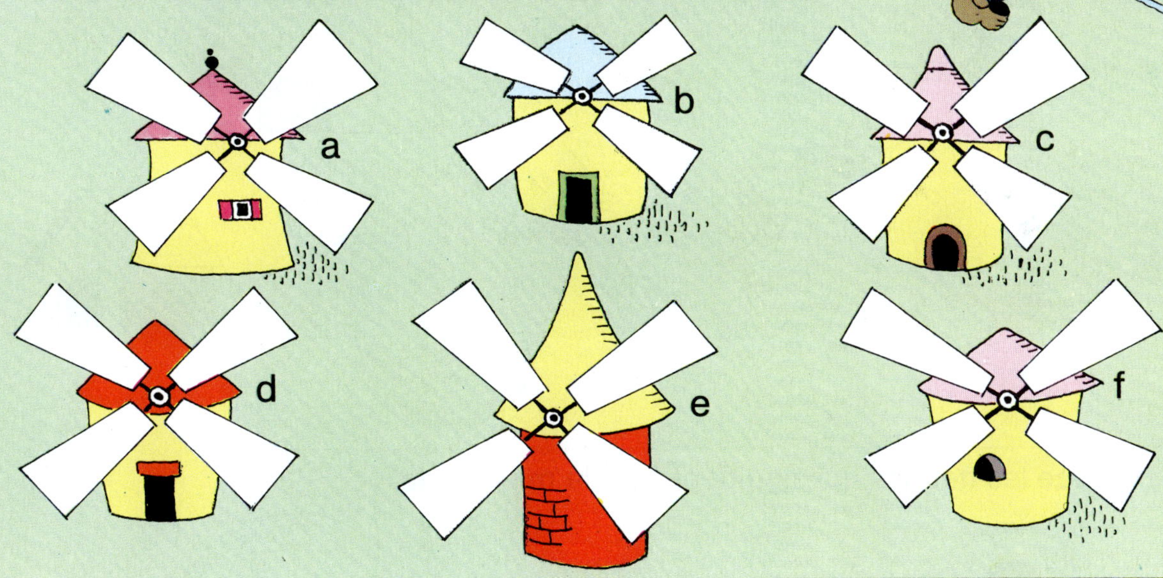

	a	b	c	d	e	f
		X		X		X
	X		X		X	

relations

1 relie les objets qui vont ensemble.

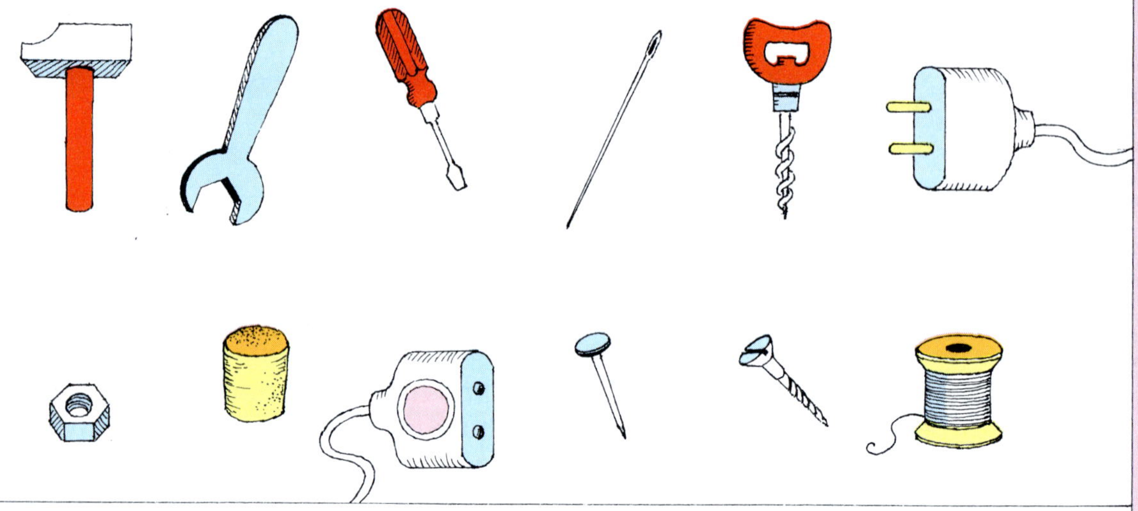

2 trace les flèches qui signifient “a pour maison”.

3 trace les flèches qui signifient “est la maison de”.

classement d'objets

1 entoure les blocs qui ont la même forme.

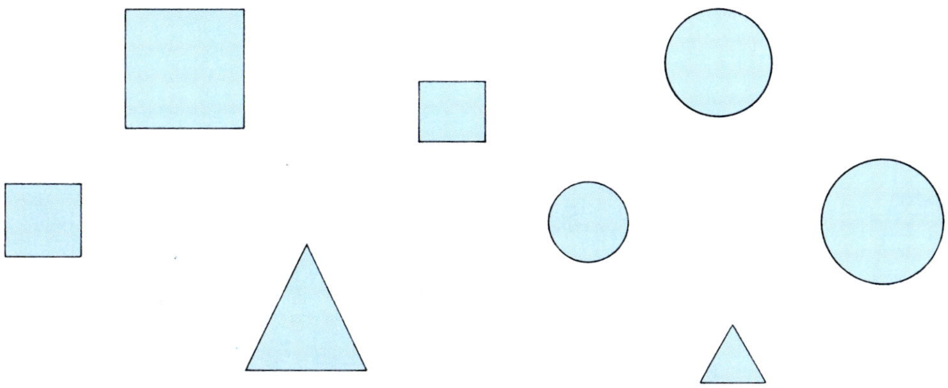

2 trace les flèches qui signifient "a le même bonnet que".

3 indique par une flèche où tu vas placer les fruits et les légumes.

rangements

1 trace toutes les flèches qui signifient “est plus haut que”.

2 trace toutes les flèches qui signifient “est plus jeune que”.

3 trace toutes les flèches qui signifient “est plus grosse que”.

autant... que

1 dessine autant de fleurs qu'il y a de champignons.

2 dessine des nids pour que chaque oiseau ait le sien.

3 colorie en bleu le ruban des bouquets qui ont autant de fleurs que le bouquet de tulipes.

4 dessine autant de perles bleues qu'il y a de perles rouges.
dessine autant de perles jaunes que de perles bleues.

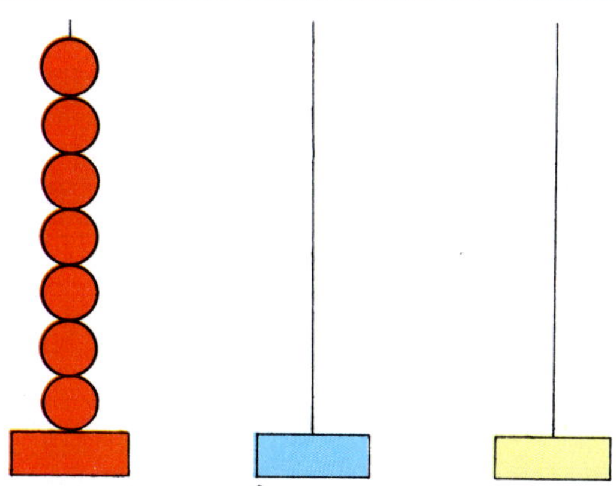

autant... que

mets en correspondance et indique si

1 il y a autant de verres que d'assiettes? oui non.

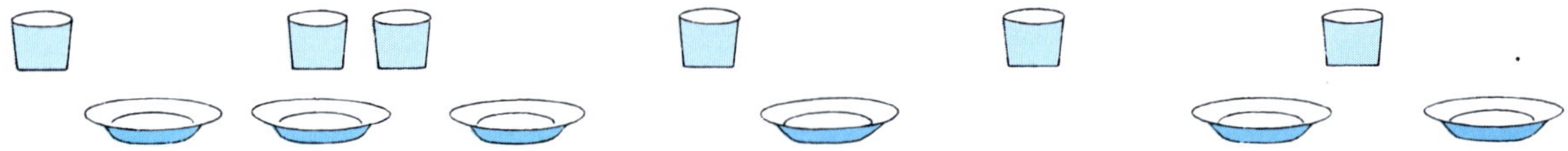

2 il y a autant de tabourets que d'enfants? oui non.

3 il y a autant d'étoiles de mer que de poissons? oui non.

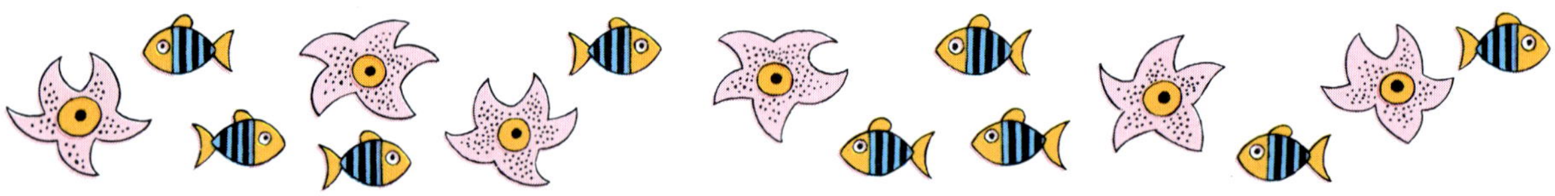

4 il y a autant de pommes que de poires? oui non.

5 continue le dessin.

autant... que

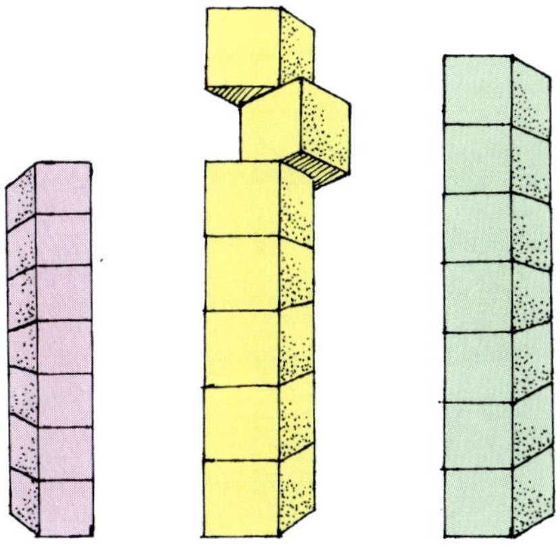

1 y a-t-il autant de cubes roses que de cubes jaunes?
oui non.

autant de cubes jaunes que de cubes verts?
oui non.

autant de cubes roses que de cubes verts?
oui non.

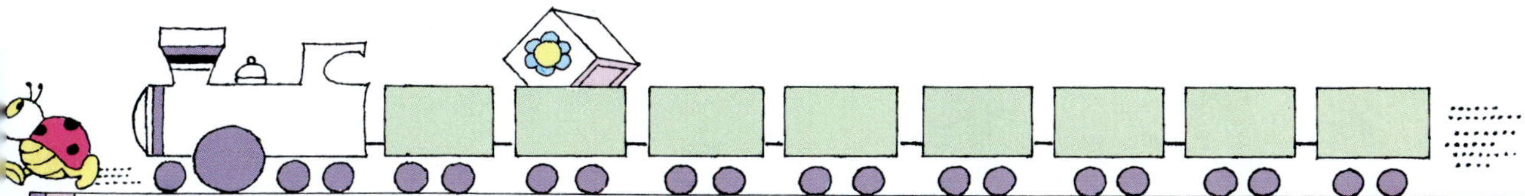

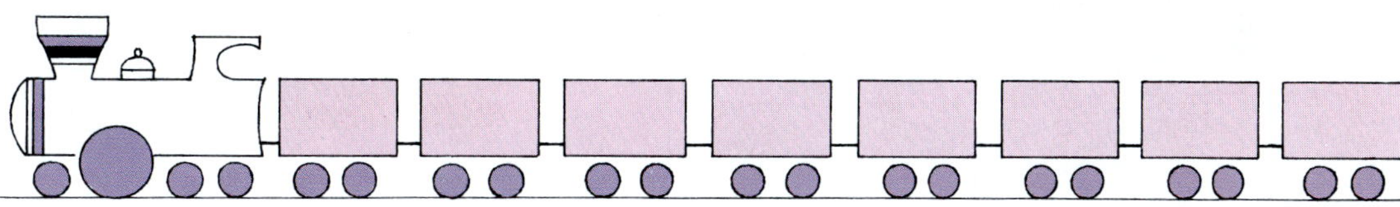

2 y a-t-il autant de wagons verts que de wagons roses? oui non.
dessine un train qui n'a pas autant de wagons que le train rose.
a-t-il autant de wagons que le train vert? oui non.

3 colorie.

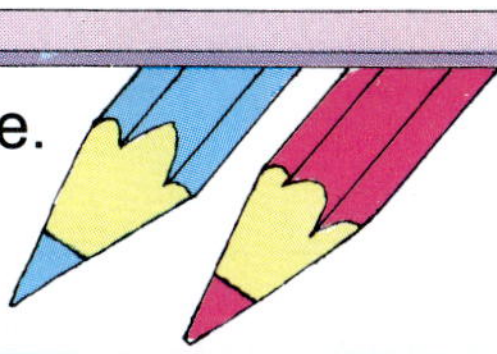

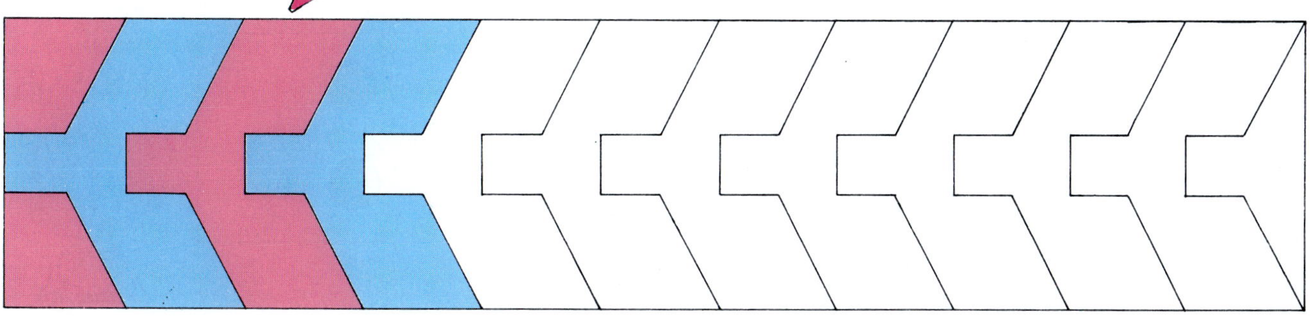

plus... que moins... que

1 y a-t-il plus de fleurs que de papillons?

oui non.

vérifie.

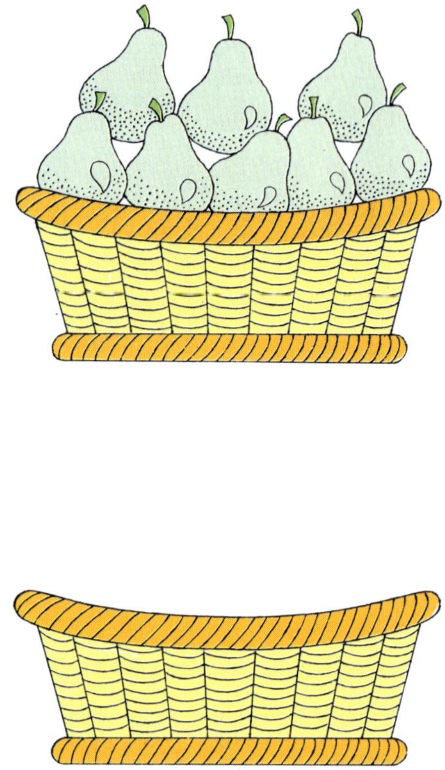

2 dessine moins de pommes qu'il n'y a de poires.

3 trace en rouge toutes les flèches qui signifient "a moins de ronds que"
en bleu toutes les flèches qui signifient "a plus de ronds que".

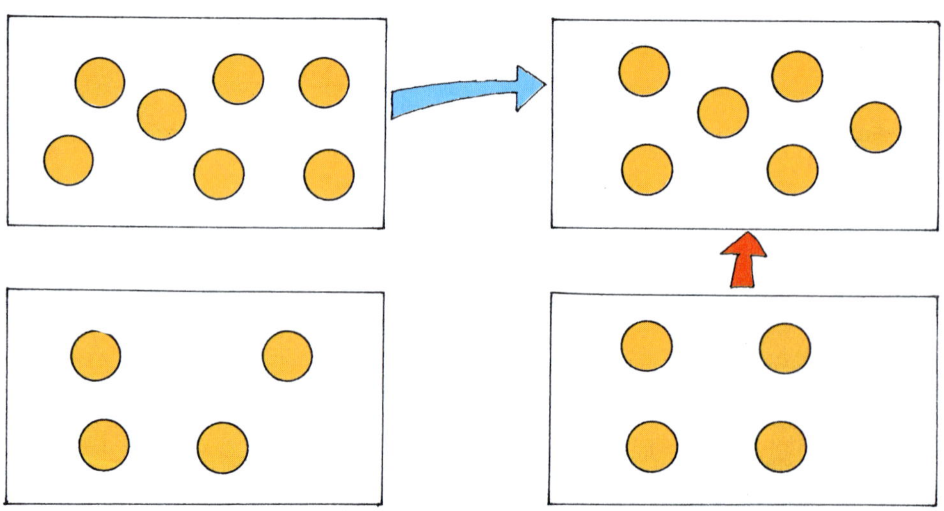

plus... que moins... que

1 y a-t-il plus de poules que de canards?

oui non.

2 dessine plus de ronds qu'il n'y a de triangles

3 y a-t-il moins de poissons que d'escargots?

oui non.

4 dessine moins de perles sur le collier rouge qu'il n'y en a sur le collier bleu.

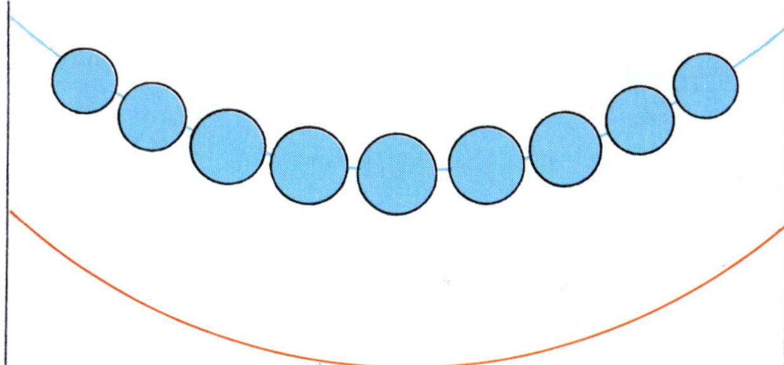

5 continue le dessin.

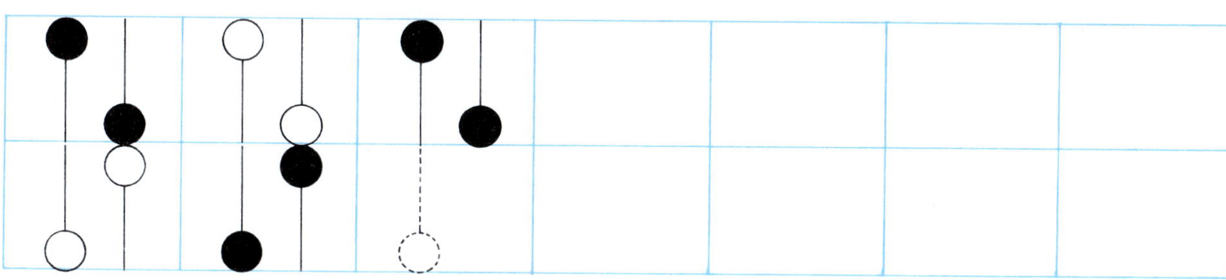

un deux  trois

1 relie chaque collection à l'étiquette qui convient.

1 2 3

2 complète les étiquettes.

3 barre les animaux qui n'ont pas deux pattes.

4 fais des groupes de trois enfants.

écriture

1 1 1

2 2 2

quatre

1 complète les étiquettes.

2 dessine quatre pommes.

3 complète le tableau.

4				

4 lecture.

1 2 3 4 3 2 1 4 2 3 4 1 3 2

écriture

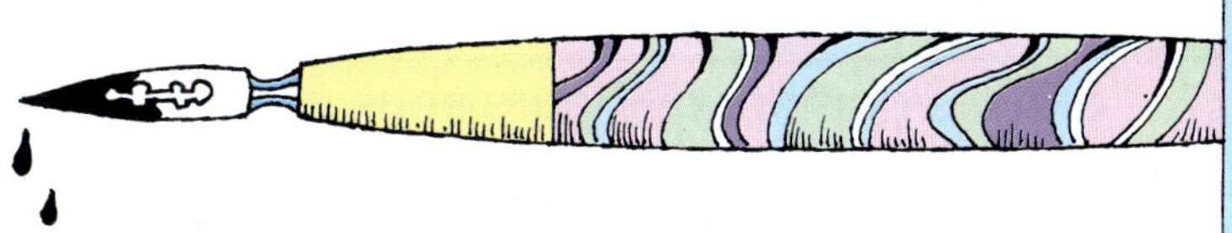

3 3 3

4 4 4

cinq

1 relie chaque collection à l'étiquette qui convient.

3 | 1 | 5 | 4 | 2

2 dessine cinq poissons dans le bocal.

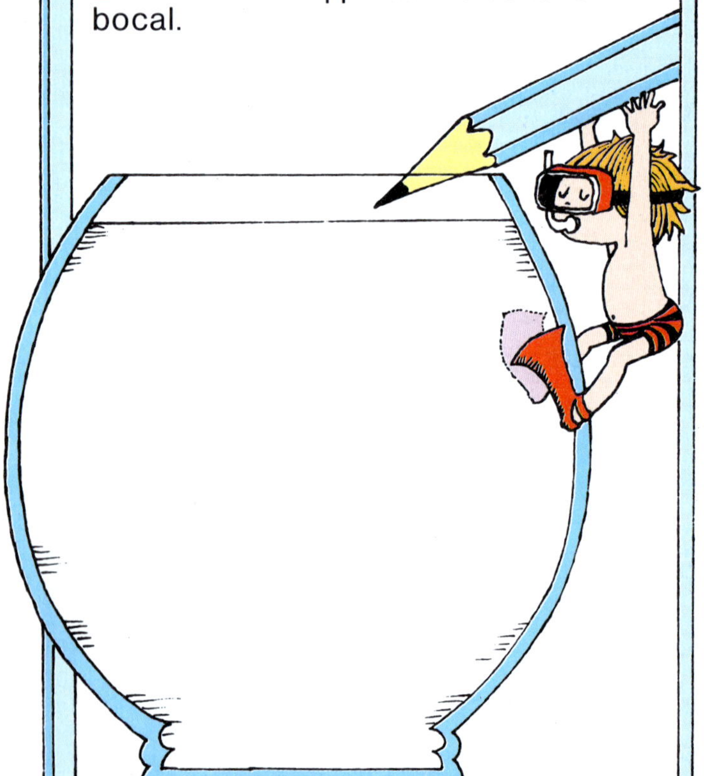

3 fais des groupes de cinq ronds.

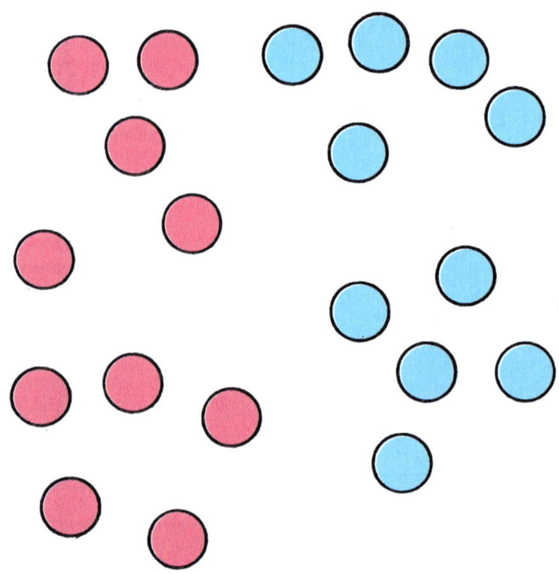

4 écris le nombre de fleurs sous chaque vase. colorie les vases qui contiennent cinq fleurs.

3

les signes <, >, =

1 complète.

------ ------ ------ ------ ------ ------

2 dessine des papillons et complète les étiquettes.

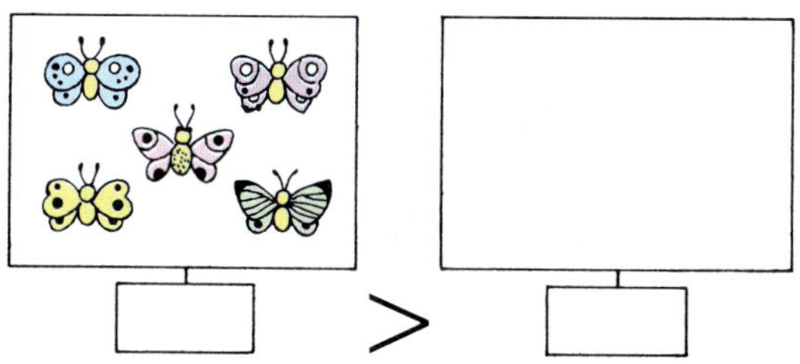

3 complète les étiquettes et mets le signe qui convient.

______ -------- ______

4 dessine les billes et écris les nombres qui manquent.

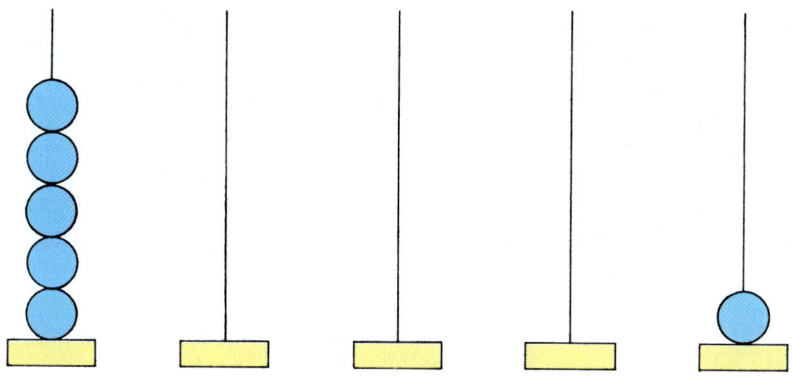

5 >----------> 3 >----------> 1

5 lecture.

3 < 5	4 < 5	4 = 4	1 < 2	2 > 1	5 > 3
2 < 4	5 > 4	4 > 1	3 = 3	2 < 5	5 > 1

gauche, droite

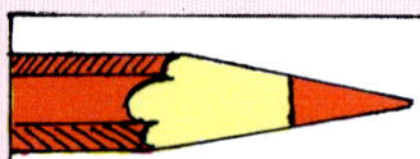

1 colorie en rouge les ongles de la main droite.

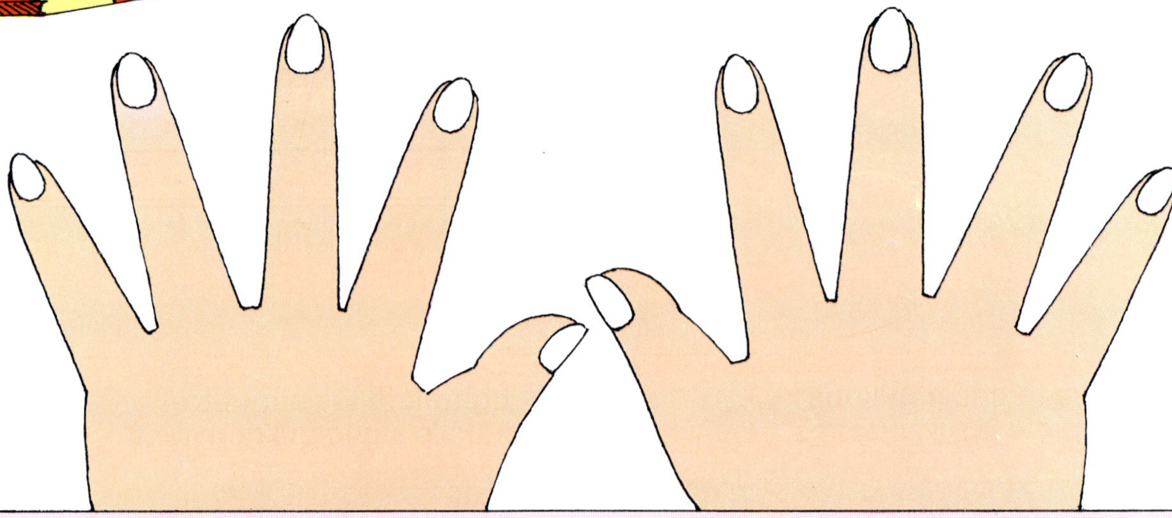

2 dessine un ballon dans la main gauche du garçon,
et un panier dans la main droite de la fille.

3 marque une croix sous les enfants qui tiennent leur raquette dans la main gauche.

somme de deux nombres

1 complète les étiquettes et les égalités.

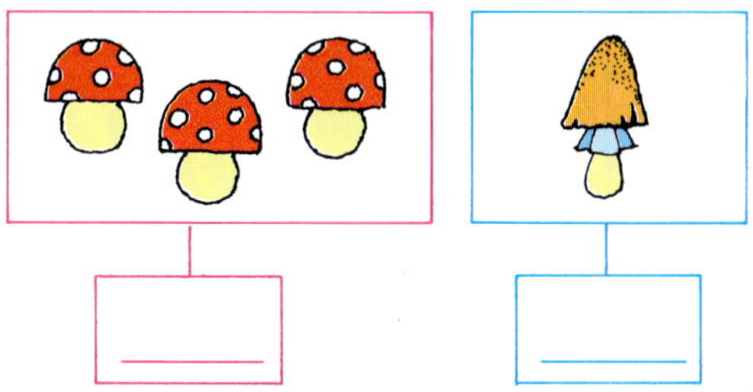

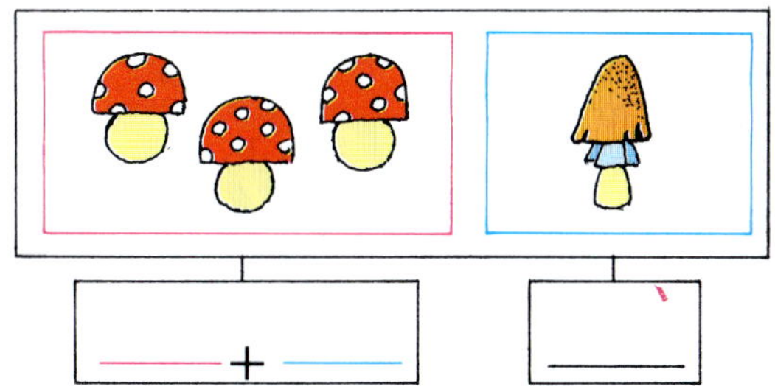

___ + ___ = ___

2 complète les étiquettes et les égalités.

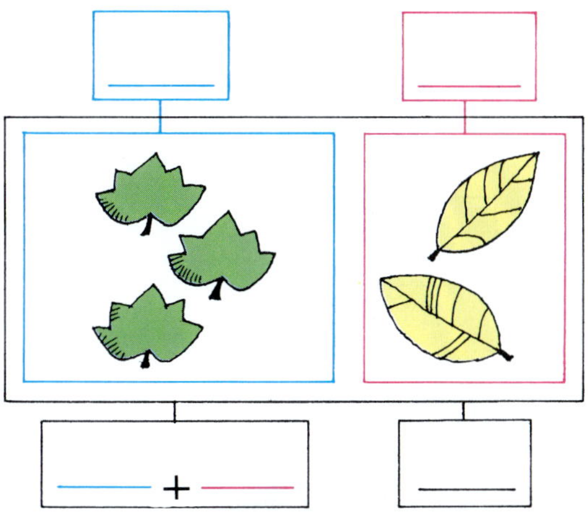

___ + ___ = ___

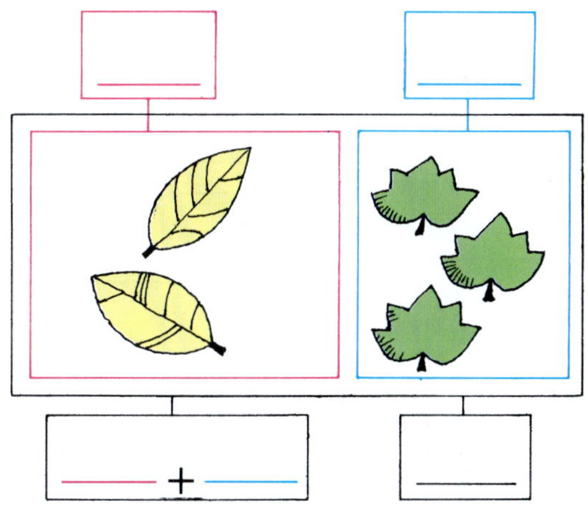

___ + ___ = ___

3 dessine des ronds et complète les étiquettes.

___ + ___ | ___

3 | 2

___ + ___ | ___

2 | 2

somme de deux nombres

1 complète
les étiquettes
écris l'égalité
correspondante.

...... + ...

......

...... + ... = ...

2 même
exercice.

...... + ...

......

...... + ... = ...

3 complète le tableau et écris
l'égalité.

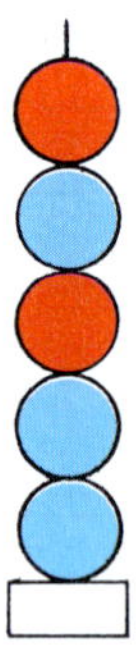

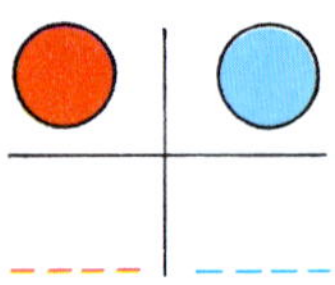

...... + ... = ...

4 même exercice.

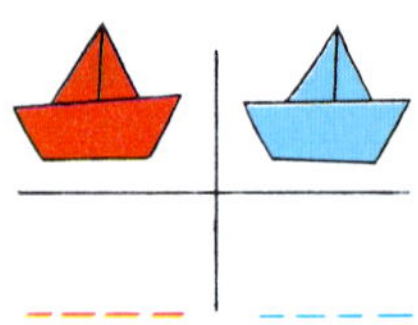

...... + ... = ...

écriture

5 5 5

six

1 complète les étiquettes.

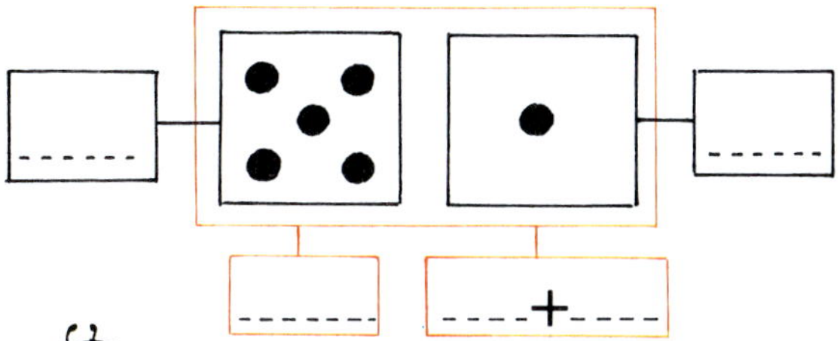

...... = ... + ...

2 compte les ronds de chaque colonne.

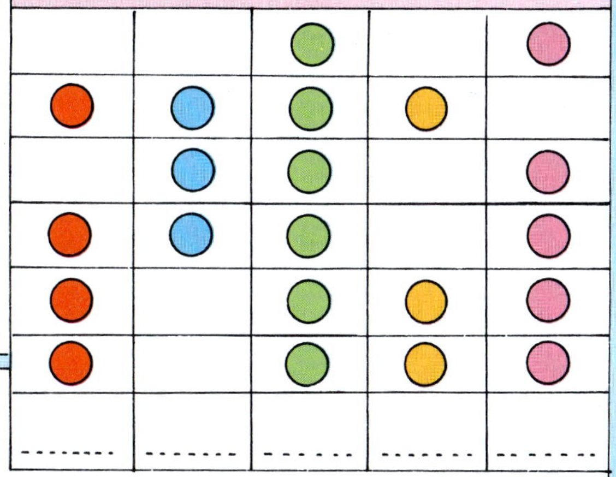

3 complète les égalités.

...... + ... = ...

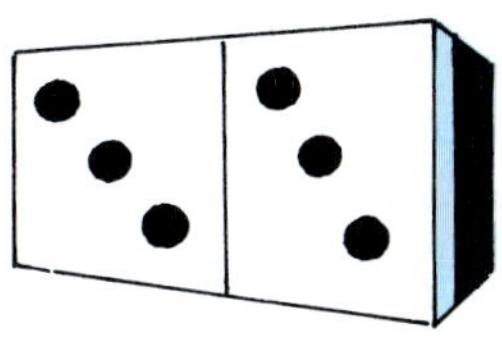

...... + ... = ...

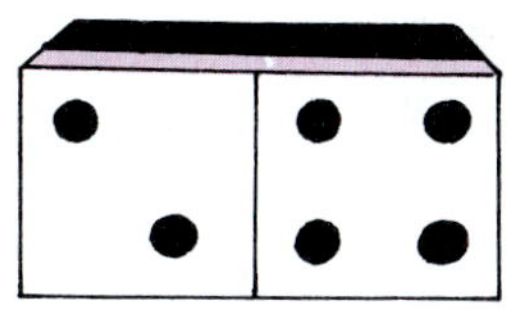

...... + ... = ...

4 complète.

1 + 1 = ...

2 + 2 = ...

3 + ... = 6

2 + 1 = ...

3 + 3 = ...

4 + ... = 6

3 + 1 = ...

2 + 4 = ...

1 + ... = 6

4 + 1 = ...

5 + 1 = ...

5 + ... = 6

écriture

5 6

zéro

1 écris le nombre de fruits dans le tableau.

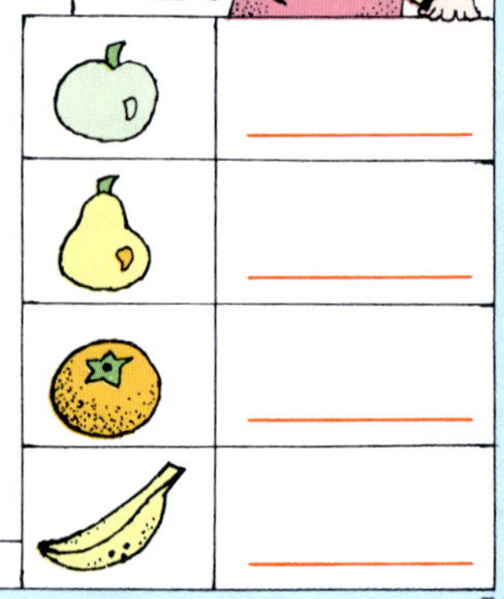

2 colorie les cases.

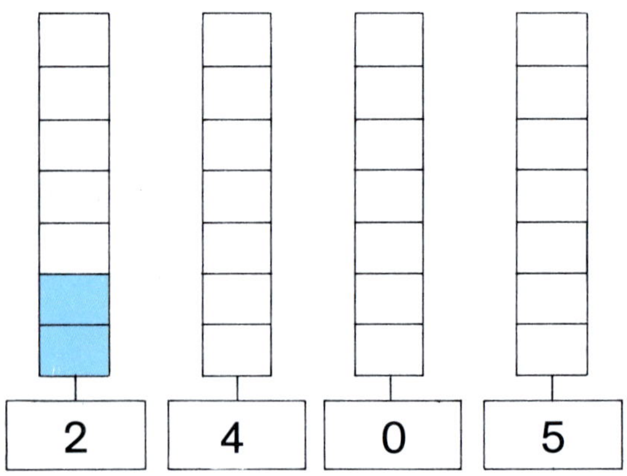

3 complète les étiquettes.

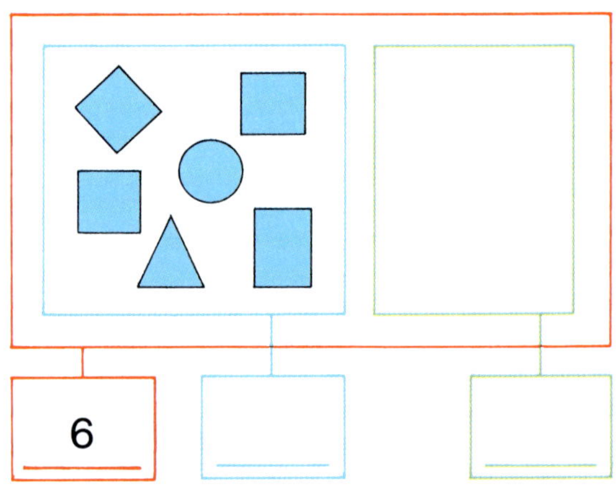

4 écris le nombre de jetons rouges de chaque collection.

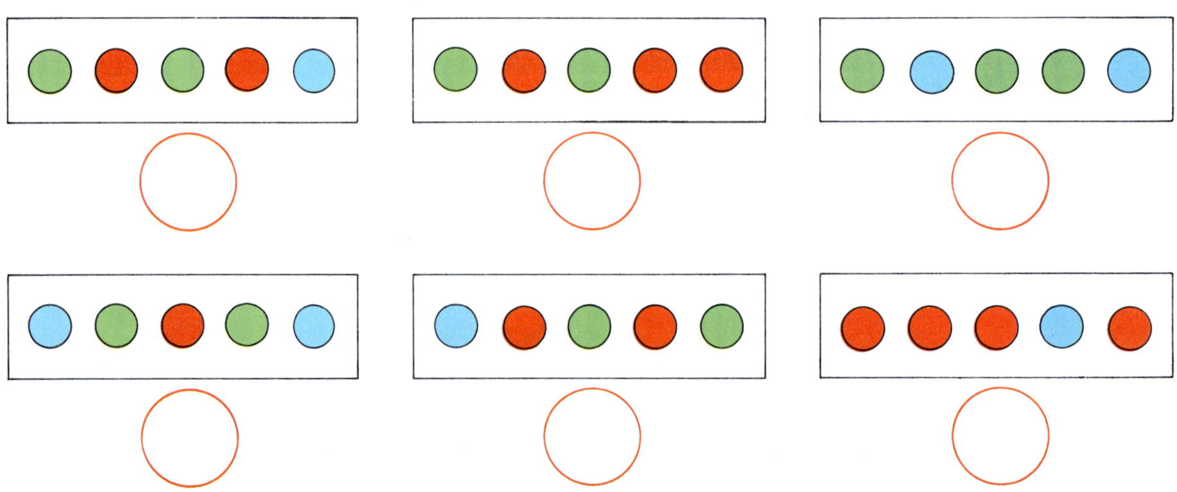

sept

1 complète les étiquettes.

____ + ____ = ____ ____ + ____ = ____

2 complète.

3 calcule.

2 + 2 = ...	4 + 2 = ...
3 + 3 = ...	3 + 2 = ...
4 + 3 = ...	1 + 2 = ...
1 + 5 = ...	2 + 5 = ...
7 + 0 = ...	6 + 1 = ...

4 barre tous les nombres qui sont plus petits que 5.

0	1	2	3	4	5	6	7
2	4	3	5	6	7	1	0

écriture

7 7 7

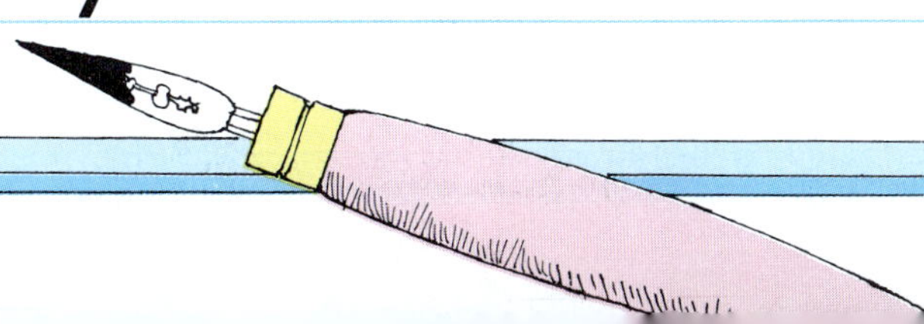

huit

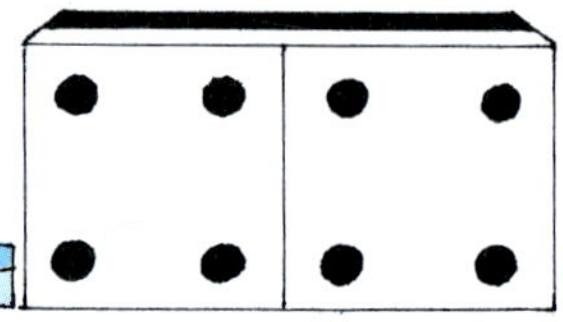

1 complète les égalités.

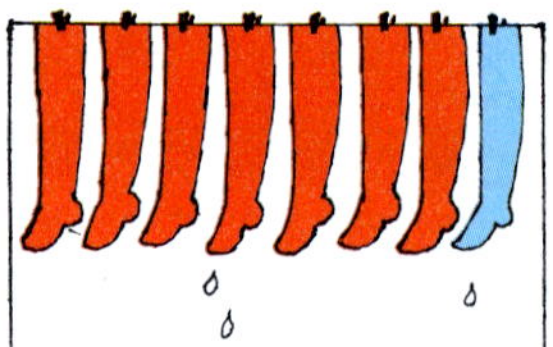

7 + 1 = 8

___ + ___ = ___

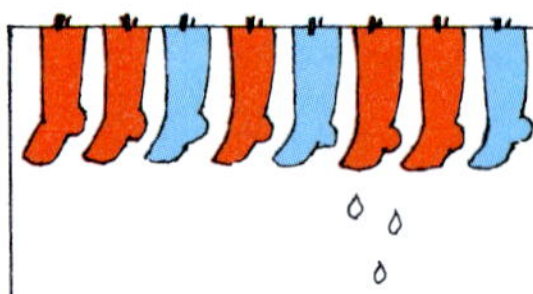

___ + ___ = ___

___ + ___ = ___

2 colorie et complète les égalités.

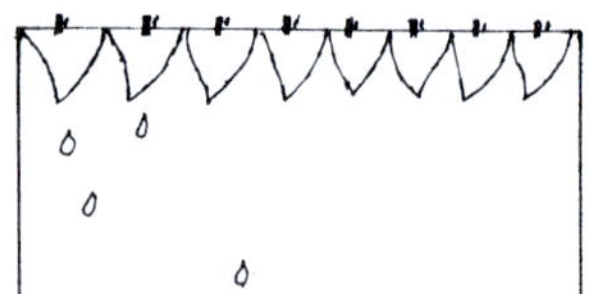

___ + ___ = ___

___ + ___ = ___

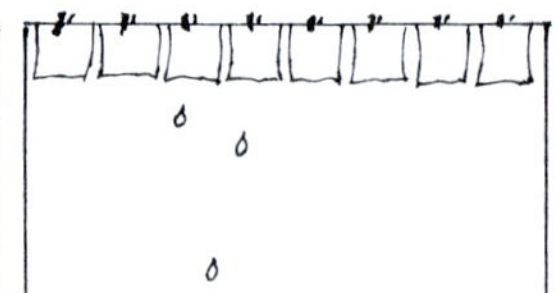

8 = ___ + ___

8 = ___ + ___

3 décompose en deux parties et complète.

___ + ___ = ___

___ + ___ = ___

4 calcule.

5 + 3 = ...

4 + 4 = ...

3 + 5 = ...

2 + 6 = ...

3 + 4 = ...

5 complète.

8 = 1 + ...

8 = 2 + ...

8 = 6 + ...

8 = 8 + ...

8 = 5 + ...

écriture

8 8 8

neuf

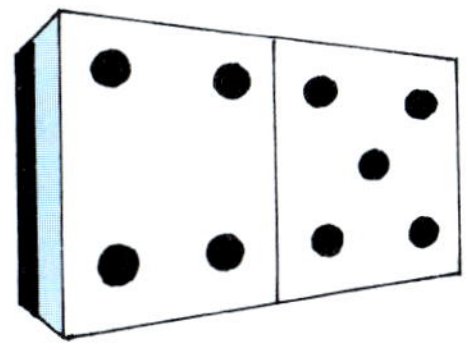

1 complète les égalités.

_____ _____ = ______

_____ _____ = ______

_____ _____ = ______

_____ _____ = ______

_____ _____ = ______

_____ _____ = ______

2 relie.

2 + 5 | 6 + 2 | 5 + 4

4 + 3 | 8 + 1

6 + 1 | 7 | 8 | 9 | 7 + 2

1 + 7 | 4 + 4

5 + 3 | 2 + 7 | 6 + 3

3 invente des additions.

...... + ... = ...	..... + ... = ...	..... + ... = ...

...... + ... = ...	..... + ... = ...	..... + ... = ...

écriture

7 8 9

4 lecture.

$7 < 8$ $4 > 2$ $9 = 6 + 3$ $9 > 8$ $3 < 5$ $5 = 2 + 3$ $4 + 2 = 5 + 1$

rythmes et couleurs

1 observe et continue.

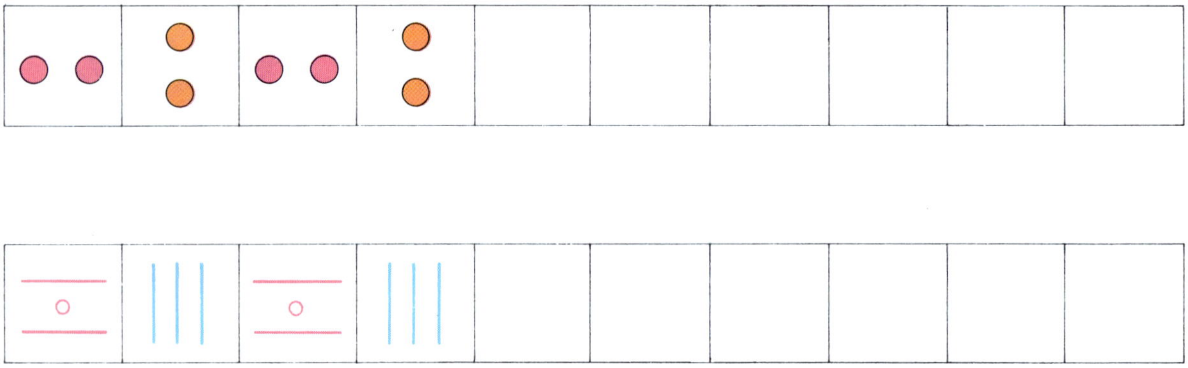

2 observe et colorie.

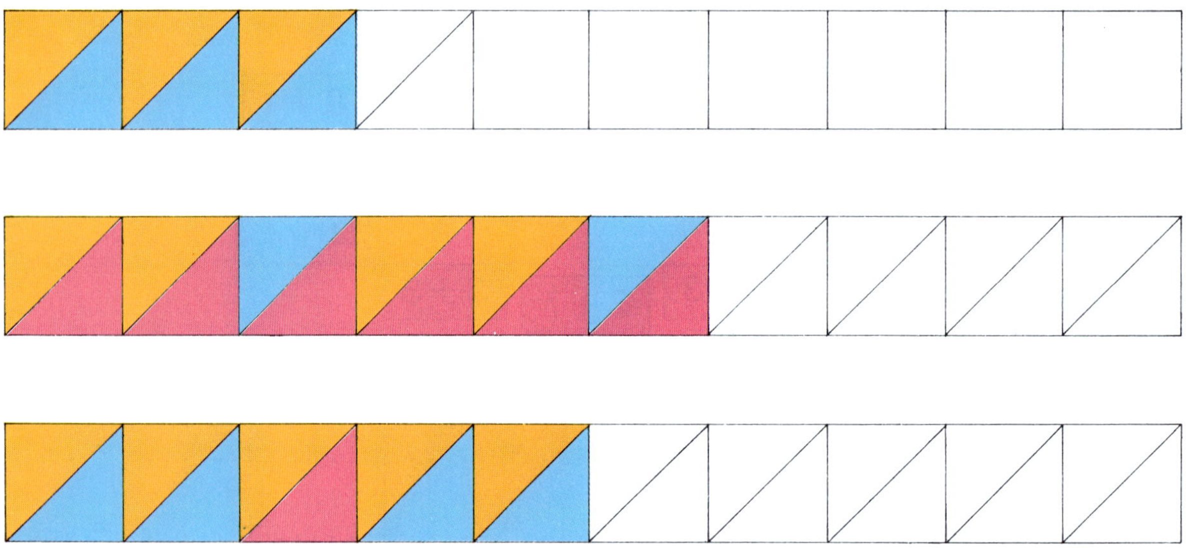

3 observe et continue.

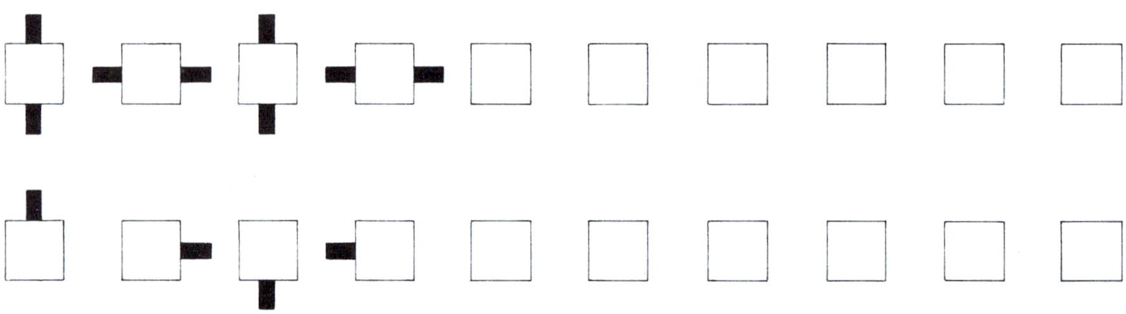

calculs

1 calcule le nombre de fleurs.

...... + ... = ...

...... + ... = ...

...... + ... = ...

2 calcule le nombre d'oiseaux.

...... + ... = ...

...... + ... = ...

...... + ... = ...

3 calcule.

1 + 2 = ...

3 + 2 = ...

4 + 2 = ...

5 + 2 = ...

6 + 2 = ...

4 complète avec le signe = ou ≠

2 + 2 5

3 + 3 6

4 + 4 9

1 + 1 2

5 + 4 8

9 + 0 ..... 6 + 2

0 + 4 ..... 3 + 1

0 + 5 ..... 4 + 1

7 + 0 ..... 5 + 1

0 + 8 ..... 4 + 3

repérages

1 colorie en bleu la ligne correspondant à 

colorie en jaune la colonne correspondant à 

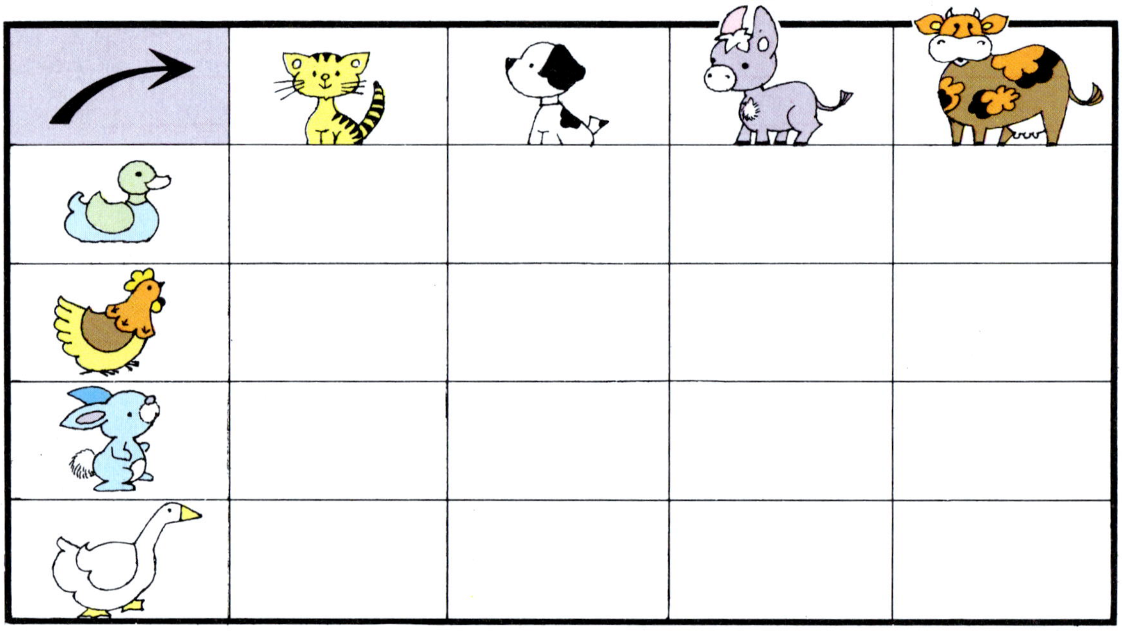

2 colorie en ▭ (jaune) la case correspondant à 

▭ (vert) la case correspondant à 

▭ (bleu) la case correspondant à 

▭ (rose) la case correspondant à 

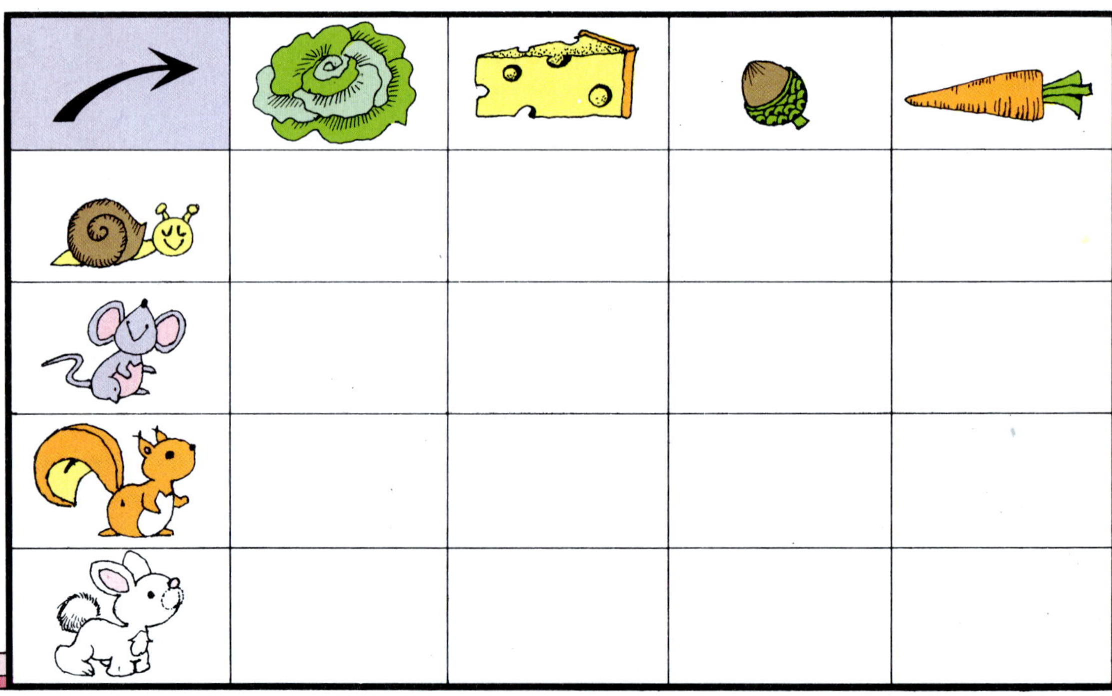

repérages

1 écris le nom du couple correspondant à chaque fleur.

	a	b	c	d
1				
2				
3				
4				

	(1, b)

2 dessine les fleurs dans les cases correspondant aux couples.

	(1, a)
	(3, a)
	(2, d)
	(4, c)
	(2, b)

	a	b	c	d
1				
2				
3				
4				

somme de deux nombres

1 observe.

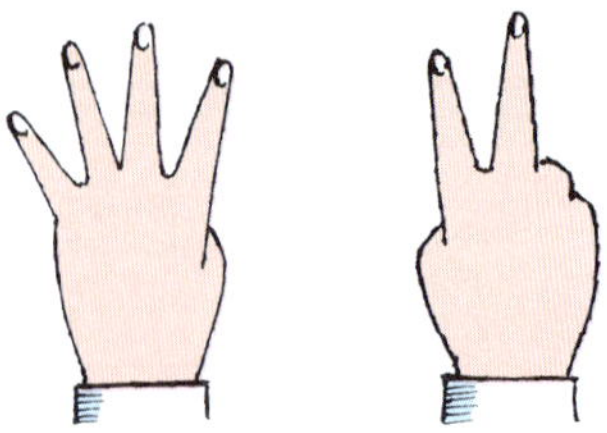

$4 + 2 = 6$

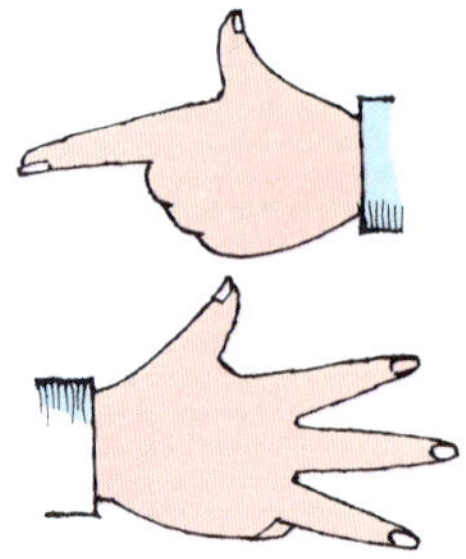

$$\begin{array}{r} 2 \\ +\ 4 \\ \hline =\ 6 \end{array}$$

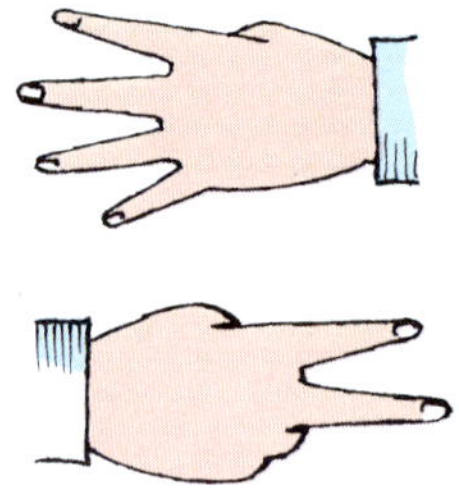

$$\begin{array}{r} 4 \\ +\ 2 \\ \hline =\ 6 \end{array}$$

2 pose les opérations en ligne et en colonne.

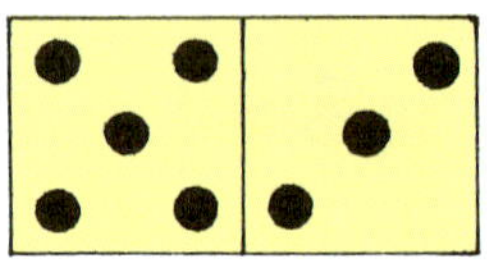

...... + ... =

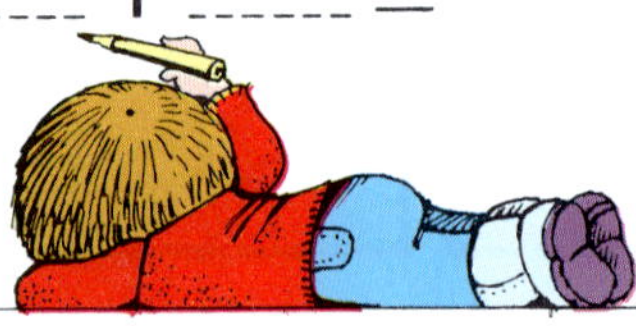

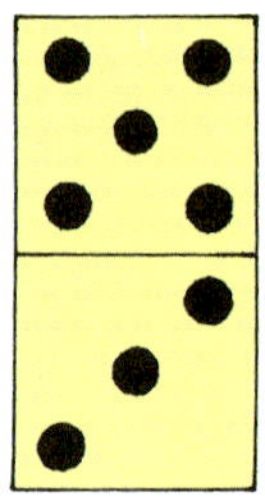

......
+ ......
______
= ......

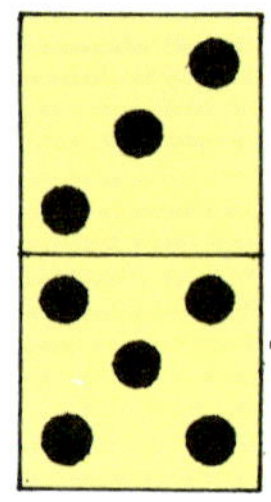

......
+ ......
______
= ......

3 écris en colonne et calcule.

6 + 2	4 + 3	3 + 3
5 + 4	6 + 3	4 + 4

1 écris le nom du couple correspondant à chaque fruit.

	1	2	3	4	5
1		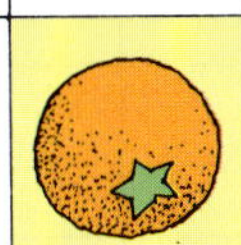			
2				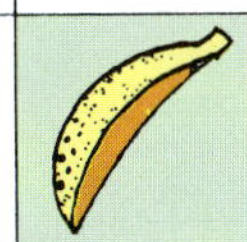	
3					
4			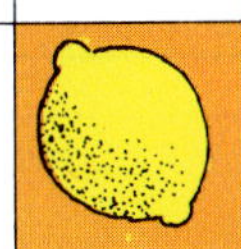		
5					

	(4, 1)

2 colorie les cases correspondant aux couples donnés.

	1	2	3	4	5	6
1						
2						
3						
4						
5						
6						

(1, 4)	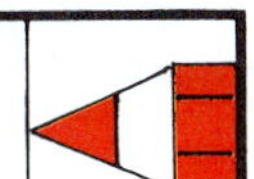
(1, 2)	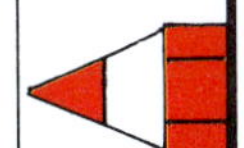
(3, 2)	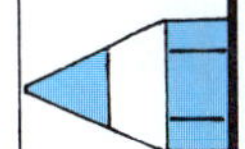
(2, 1)	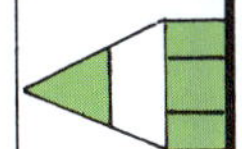
(5, 5)	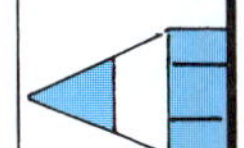
(4, 5)	
(2, 3)	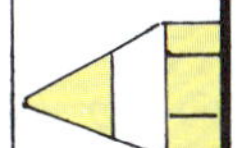

la table d'addition

1 complète les tables d'additions.

+	0	1	2	3	4
0					
1					
2					
3					
4					
5					

+	5	3	4	1
2				
3				
1				
4				
0				

2 **cherche encore.**

dans le port il y a
3 voiliers et 5 barques
quel est le nombre de bateaux ?

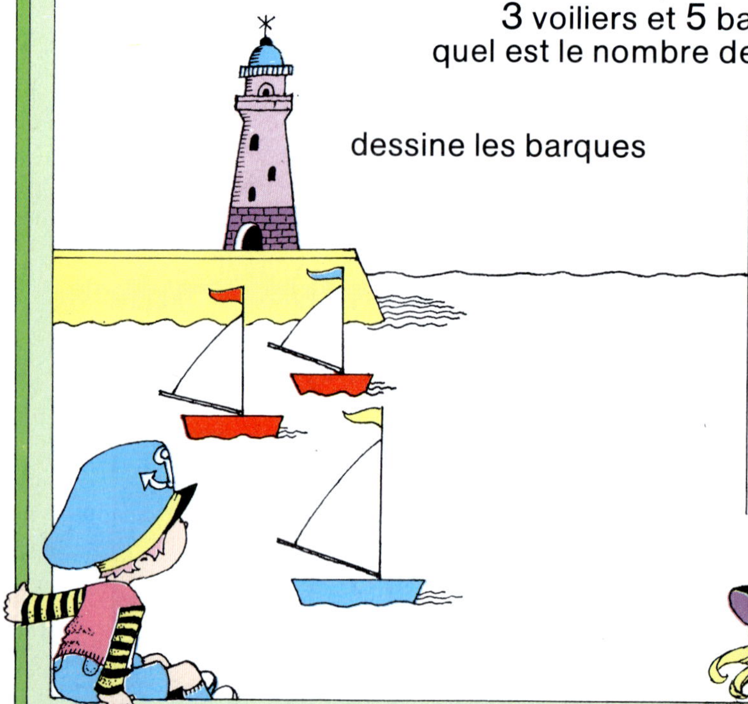

dessine les barques

opération

.... + ... = ...

il y a .... bateaux
dans le port

3 colorie la frise.

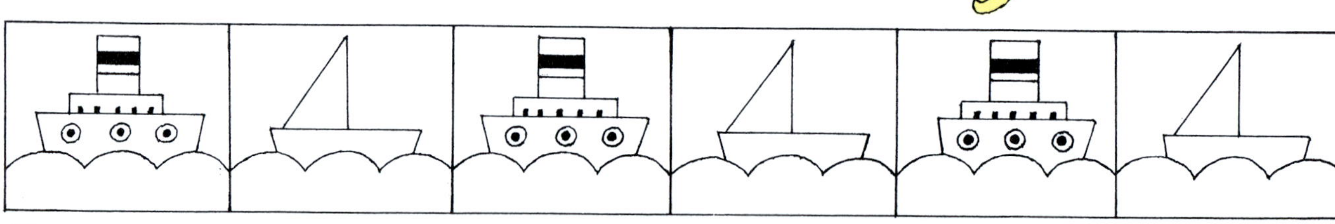

ordre sur les nombres

1 numérote les coureurs suivant l'ordre d'arrivée.

2 numérote les drapeaux et colorie dans le tableau.

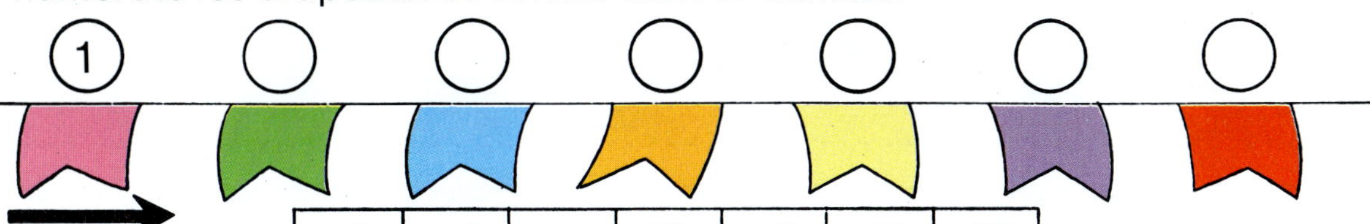

2^{e}	4^{e}	1er	5^{e}	3^{e}	6^{e}	7^{e}

3 colorie les lampions d'après les indications du tableau.

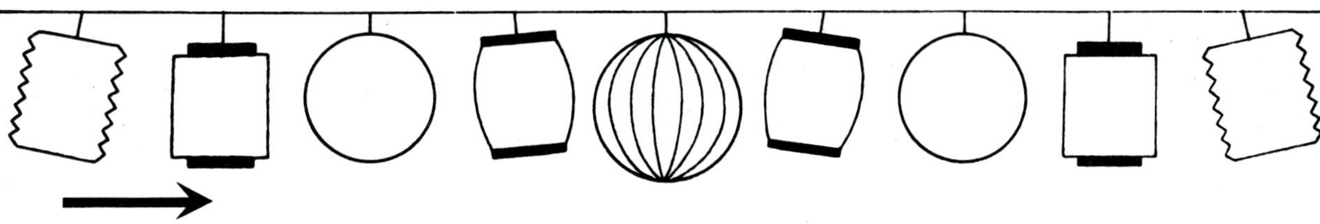

	2^{e}	4^{e}	6^{e}
	1er	5^{e}	8^{e}
	3^{e}	7^{e}	9^{e}

ordre sur les nombres de zéro à neuf

1 écris le nombre de cubes.

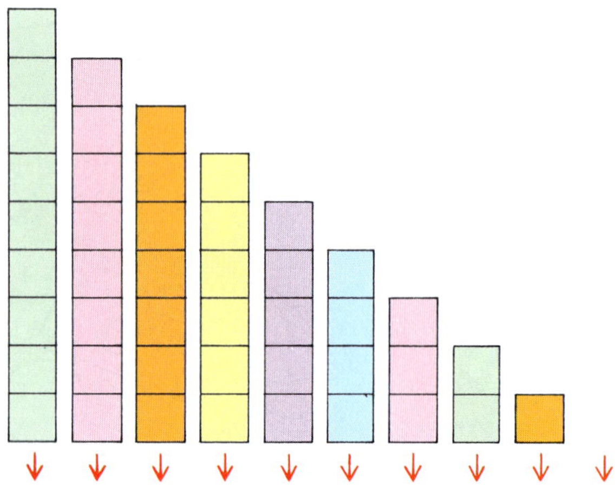

___ ___ ___ ___ ___ ___ ___ ___ ___ ___

2 écris les nombres qui manquent.

1 < ...... < ...... < 4 < ...... < 6

8 > ...... > ...... > 5 > ...... > 3

9 > ..... > ..... > ..... > ..... > 4

3 écris les nombres du plus petit au plus grand.

4 7 1 8 3 5 2

....

4 écris les nombres du plus grand au plus petit.

2 6 4 3 8 0 9

....

5 **cherche encore.**

éric a 5 billes rouges et 3 billes vertes

dessine les billes dans le sac

combien éric a-t-il de billes ?

opération _____ + _____ = ______

éric a ...... billes

groupements par trois

1 groupe les canards par trois.
complète le tableau.

(• • •)	•

2 même travail.

(• • •)	•

3 observe les tableaux
et dessine les œufs dans chaque panier.

(• • •)	◯
1	2

(• • •)	◯
2	1

groupements par cinq

1 groupe les étoiles de mer par cinq. complète le tableau.

2 même travail.

3 observe les tableaux
et dessine les poissons.

1	2

2	1

groupements

1 groupe par quatre et complète le tableau.

2 groupe par cinq et complète le tableau.

que remarques-tu ? ____________________

3 observe les tableaux et dessine les fleurs

groupement par quatre

1	3

groupement par cinq

1	3

que remarques-tu ? ____________________

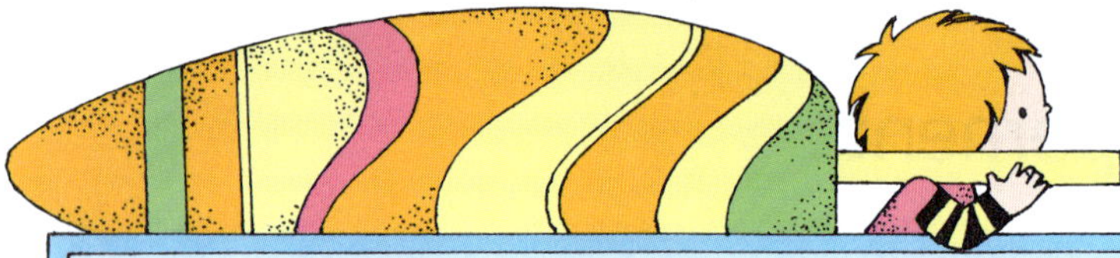

échanges

1 fais tous les échanges que tu peux.

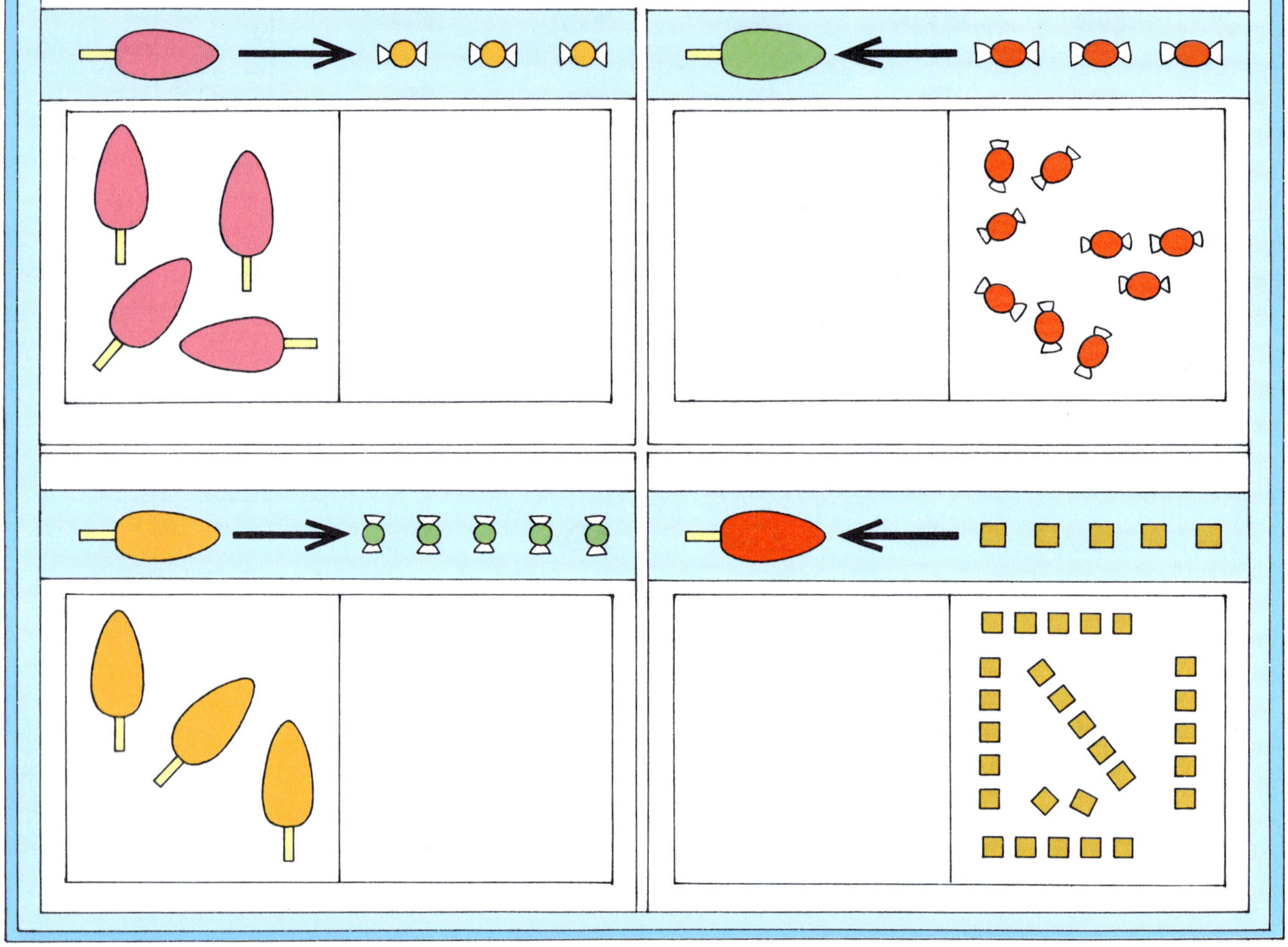

2 fais tous les échanges que tu peux, barre ce que tu as échangé et complète les tableaux.

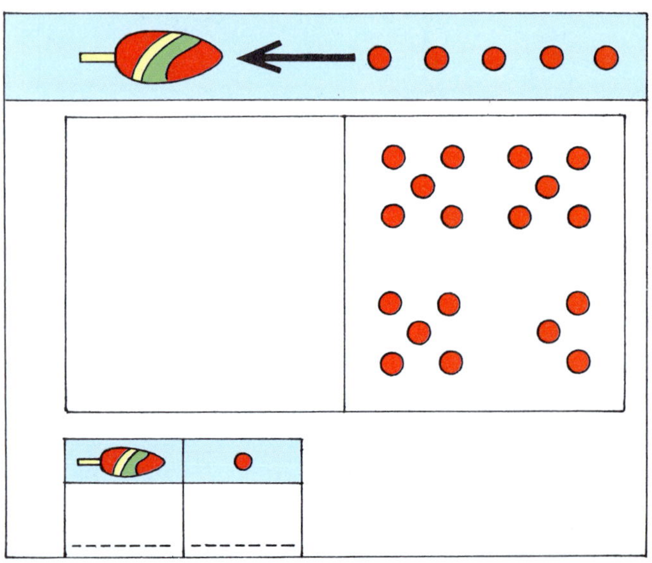

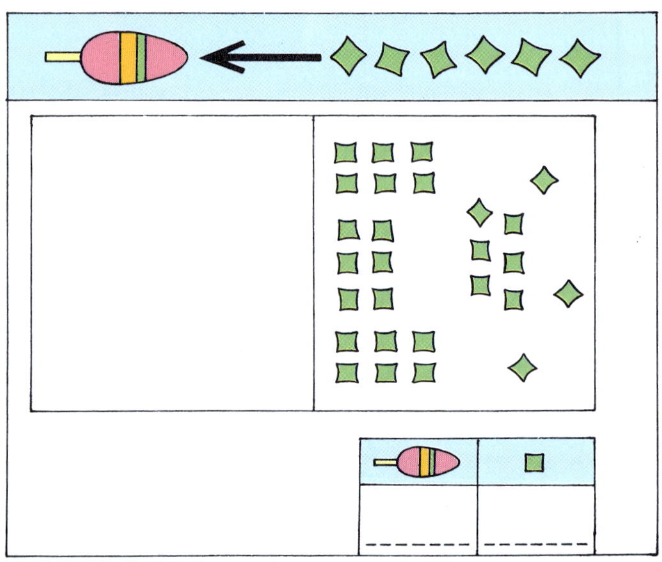

le nombre dix

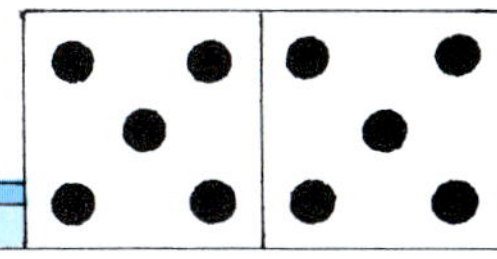

1 complète les étiquettes.

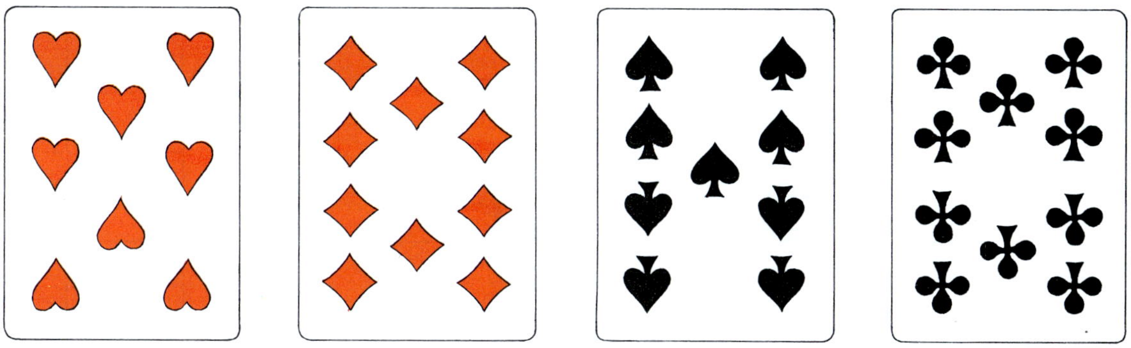

	dix		dix

2 complète les égalités.

___ + ___ = dix ___ + ___ = dix ___ + ___ = dix ___ + ___ = dix

___ + ___ = dix ___ + ___ = dix ___ + ___ = dix ___ + ___ = dix

3 relie.

4 + 6

2 + 5 3 + 7

4 + 3 2 + 8

9 + 1 dix 6 + 4

4 + 2 1 + 6

5 + 5 2 + 7

8 + 0

4 complète.

8	9	dix
2 + ...	1 + ...	9 + ...
3 + ...	7 + ...	2 + ...
5 + ...	9 + ...	4 + ...
4 + ...	4 + ...	..... + 5
6 + ...	5 + ...	..... + 3

la dizaine

1 écris le nombre de balles.

par trois

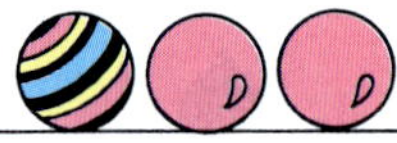

par cinq

par sept

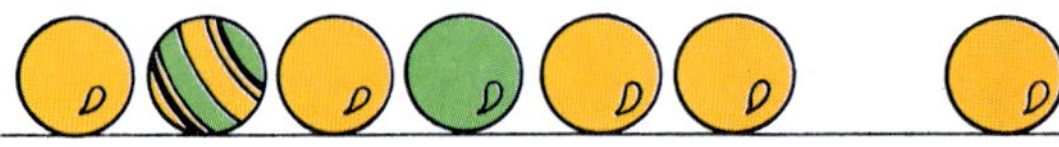

par neuf

par dix

2 groupe ces jouets par dix. écris les nombres dans les tableaux.

dix

1 colorie et complète les égalités.

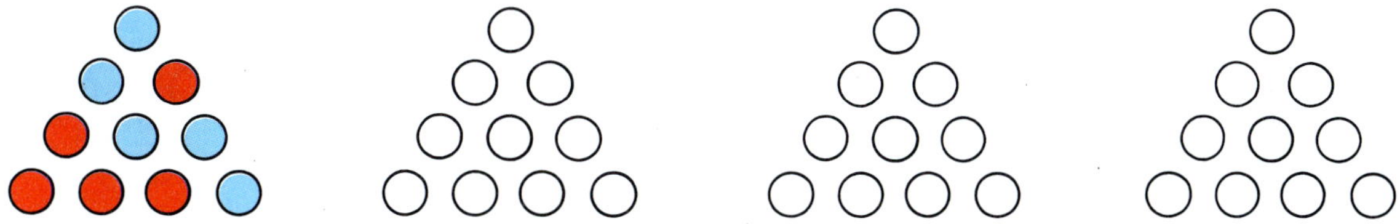

___ + ___ = ___ ___ + ___ = ___ ___ + ___ = ___ ___ + ___ = ___

___ + ___ = ___ ___ + ___ = ___ ___ + ___ = ___ ___ + ___ = ___

2 complète avec des carrés bleus. écris les égalités.

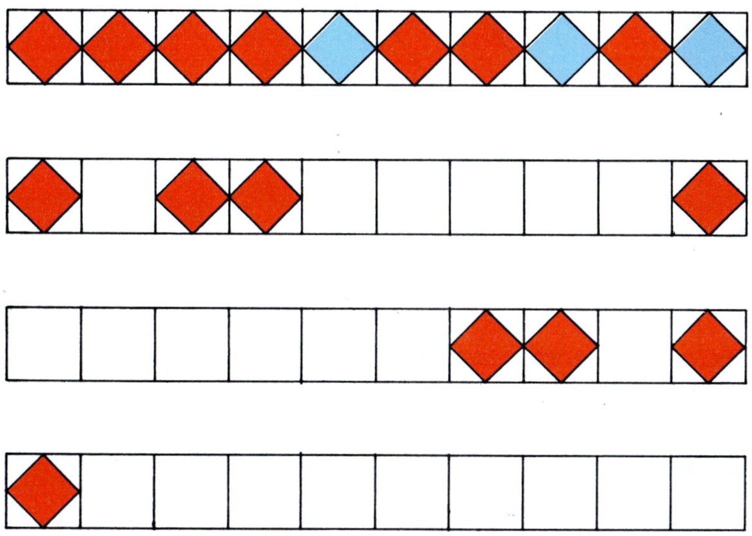

___ + ___ = 10

___ + ___ = 10

___ + ___ = 10

___ + ___ = 10

3 souligne en rouge tous les nombres plus petits que 7.

4 3 9 10 0 8 7 6 1 9 5

4 souligne en bleu tous les nombres plus grands que 5.

2 1 4 7 8 10 6 3 9 0 4

5 continue le dessin.

la dizaine

1 groupe par dix et complète les tableaux.

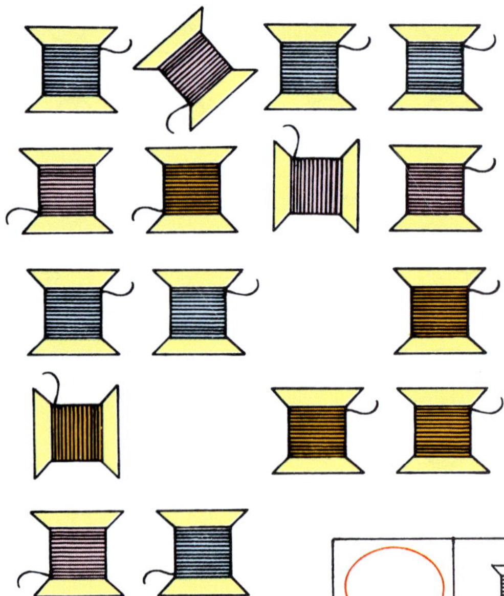

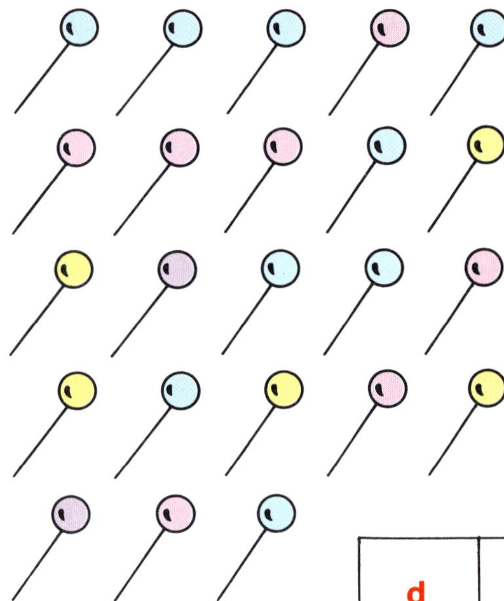

d	u
......	......

2 complète les tableaux.

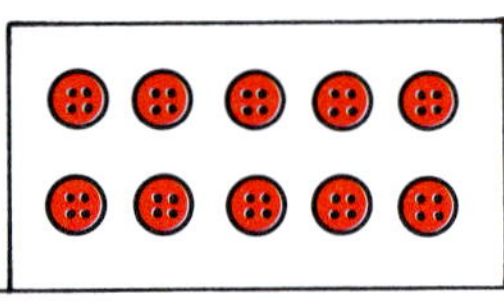 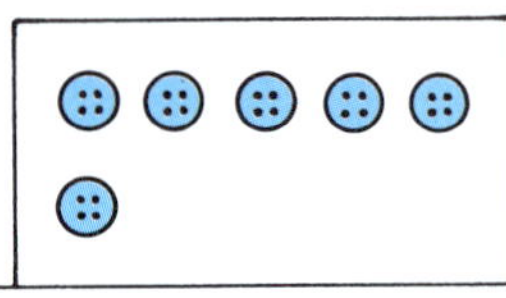

16 = 10 + 6

d	u
......	......

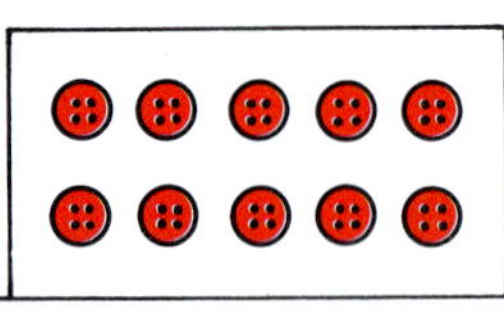 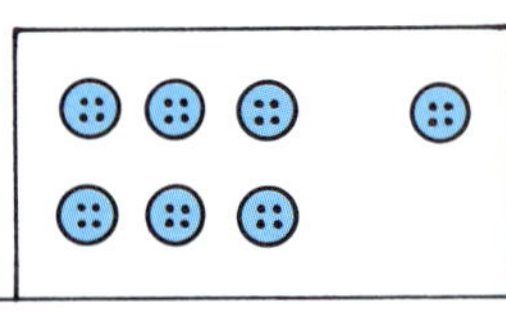

..... = ... + ...

d	u
......	......

3 dessine des boutons et complète les tableaux.

14 = ... + ...

d	u
......	......

...... = 10 + 5

d	u
......	......

labyrinthes

1 trace le chemin
que doit suivre chaque enfant
pour retrouver son ballon.

2 colorie les
ballons des enfants.

3 trace les chemins partant de chaque flèche vers une sortie du labyrinthe.

onze

1 complète les égalités.

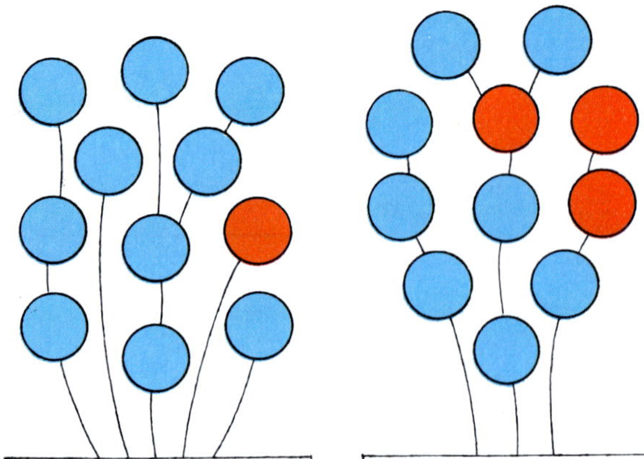

11 = ___ + ___

11 = ___ + ___

11 = ___ + ___

11 = ___ + ___

2 colorie et complète.

11 = ___ + ___

11 = ___ + ___

11 = ___ + ___

11 = ___ + ___

3 relie.

1 + 4 | 2 + 8 | 3 + 8 | 4 + 7 | 1 + 10

4 + 5 | 9 | 10 | 11 | 10 + 1

7 + 2 | 6 + 3 | 5 + 5 | 9 + 1 | 7 + 3

4 complète les additions.

9	10	11
1 + ...	..... + 4	3 + ...
3 + ...	..... + 7	10+ .....
5 + ...	..... + 5	1 + ...
6 + ...	..... + 2	7 + ...

5 cherche encore.

émilie a cueilli 6 tulipes et 5 marguerites

dessine le bouquet

combien de fleurs a-t-elle ?

opération

émilie a .... fleurs.

douze

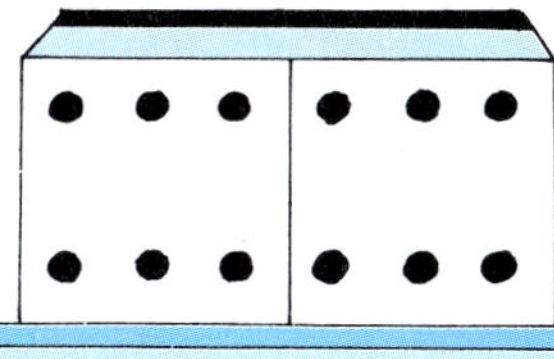

1 complète les égalités.

12= ____ + ____

12= ____ + ____

12= ____ + ____

12= ____ + ____

2 colorie et complète.

12= ____ + ____

12= ____ + ____

12= ____ + ____

12= ____ + ____

3 complète les additions.

12

- 0 + ...
- 1 + ...
- ..... + 0
- 2 + ...
- ..... + 8
- 10+ .....
- ..... + 5
- 6 + ...
- 3 + ...
- ..... + 6

4 complète avec les signes = ou ≠

10 + 1	....	10 + 2
10 + 1	....	10 + 0
1 + 8	....	7 + 2
4 + 5	....	4 + 7

2 + 5	....	3 + 7
4 + 2	....	5 + 1
3 + 7	....	4 + 5
2 + 8	....	1 + 10

1 complète les égalités.

13 = ______ + ______

13 = ______ + ______

13 = ______ + ______

13 = ______ + ______

2 complète le tableau.

	11	12	13
4 + 7	×		
5 + 7			
6 + 7			
3 + 10			
2 + 10			
5 + 6			
6 + 6			

3 **cherche encore.**

émilie a enfilé 6 perles rouges et 7 perles bleues

combien y a-t-il de perles sur son collier ?

dessine les perles.

opération

. . . . . + ... =

il y a . . . . perles sur son collier.

4 lecture.

13 12 11 9 10 8 12 9 4

13 = 6 + 7 10 = 5 + 5 6 + 6 = 12

13 > 7 4 < 7 6 > 3 12 > 8

quatorze

1 complète les étiquettes et les égalités.

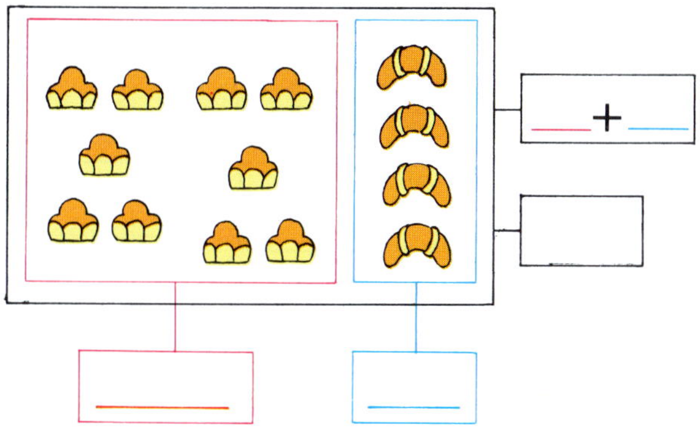

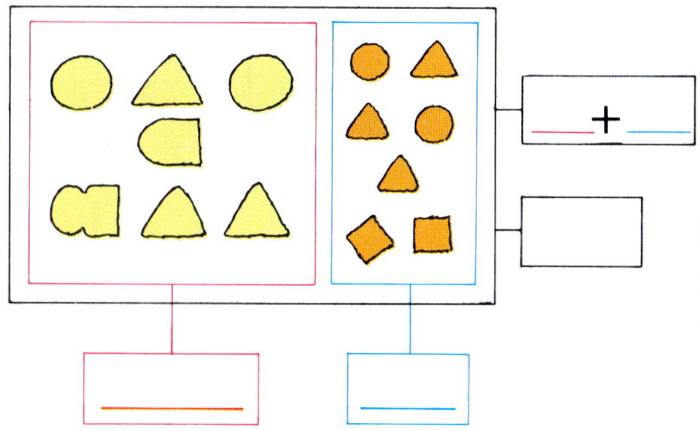

____ + ____ =

____ + ____ =

2 complète.

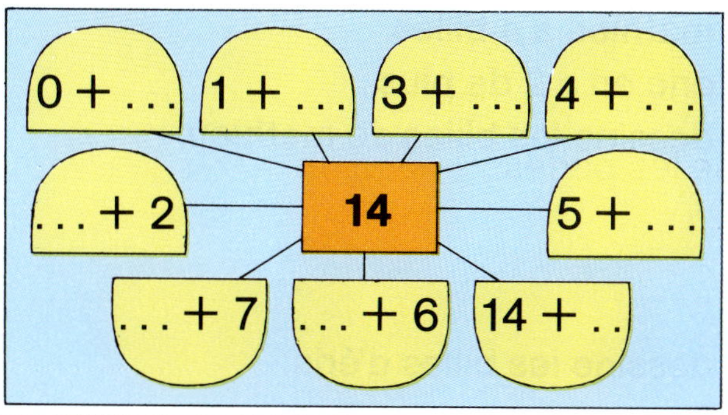

3 relie.

10 + 2		6 + 6
4 + 8	12	3 + 10
7 + 7	13	9 + 4
6 + 7	14	14 + 0
10 + 4		13 + 1

4 cherche encore.

il y a 12 personnes à table, émilie a apporté 5 verres.
combien doit-elle en apporter encore ?

dessine les verres
qui manquent.

opération

5 + ... =

elle doit apporter . . . . verres.

quinze

1 complète les étiquettes.

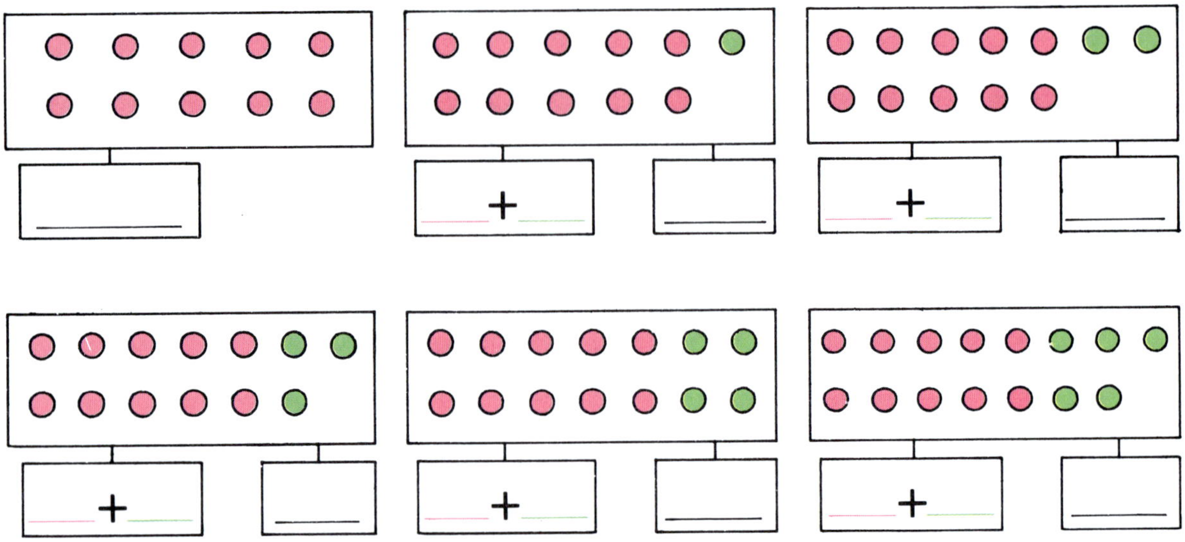

2 observe et continue.

15

0	+	15		+	
1	+	14		+	
2	+			+	
	+			+	
	+			+	
	+			+	
	+			+	
	+		15	+	0

3 cherche encore.

mathieu a 4 billes.
éric en a 2 de plus.
dessine les billes de mathieu.

dessine les billes d'éric.

éric a .... billes.
combien de billes ont-ils ensemble ?

opération.

ils ont .... billes.

rythmes et couleurs

observe et continue.

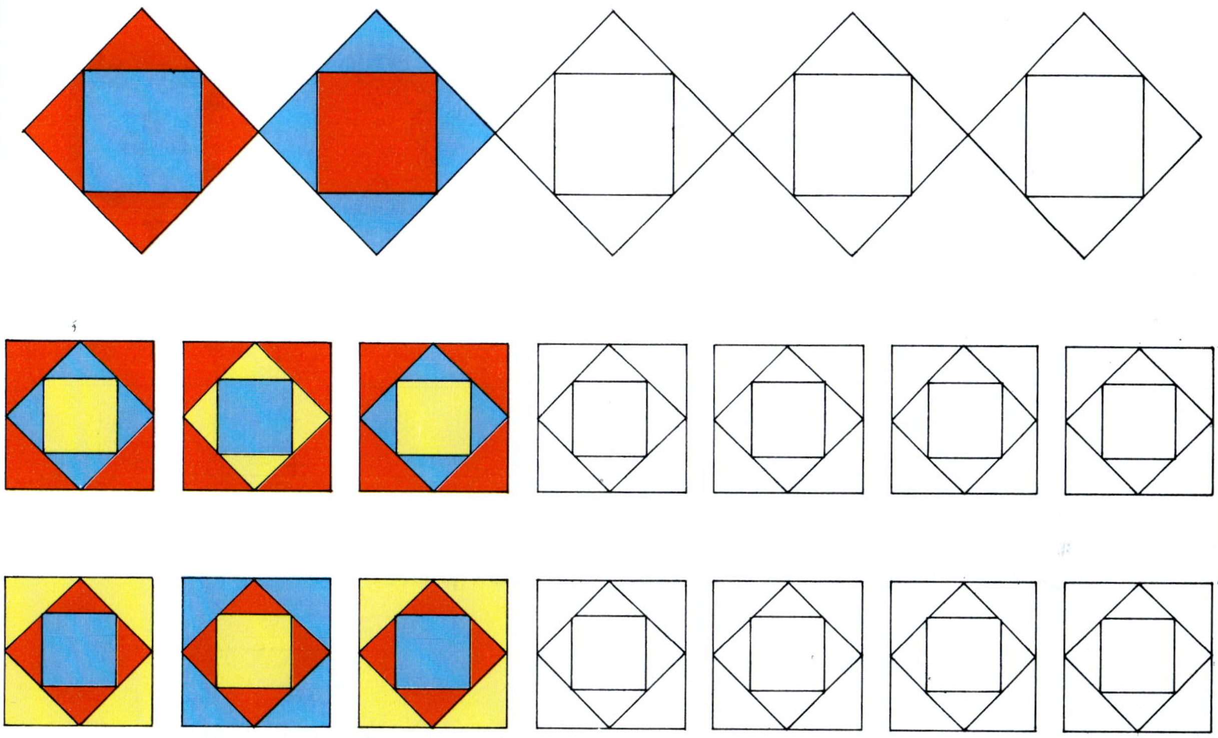

seize

1 complète.

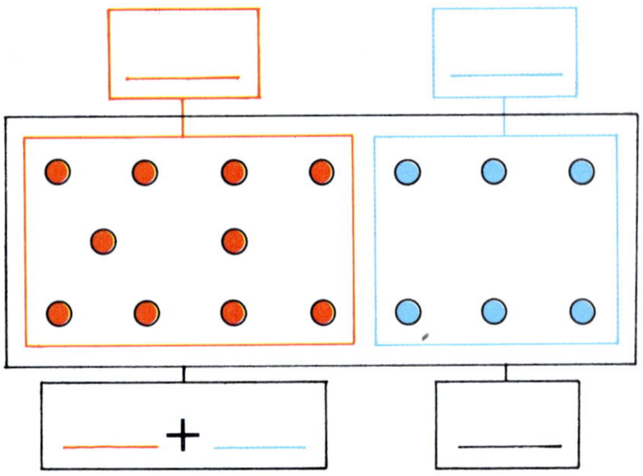

___ + ___ = ...

___ + ___ = ...

___ + ___ = ...

2 complète le tableau.

	14	15	16
8 + 7		×	
7 + 7			
8 + 8			
15 + 1			
12 + 2			
11 + 4			
12 + 4			

3 complète.

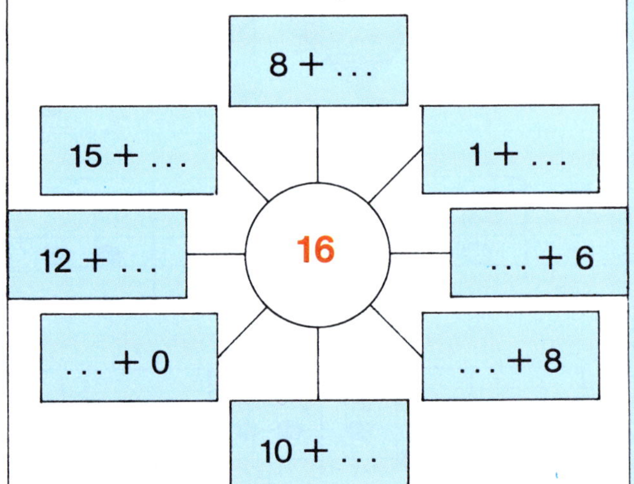

4 indique pour chaque nombre celui qui le précède et celui qui le suit.

11	12	13	....	1	....	....	7	....	....	5	....
....	9	....	....	10	....	....	15	....	....	12	....
....	8	....	....	11	....	....	13	....	....	14	....

problèmes

1 sur le sapin de noël, émilie a placé 8 boules rouges
et éric 4 boules vertes.
combien de boules y a-t-il ?

dessine les boules

opération

émilie et éric
ont placé .... boules.

2 mathieu a rangé ses voitures, il a compté 6 voitures bleues
et 5 voitures rouges.

combien mathieu a-t-il de voitures ?
tu peux faire un dessin en représentant
chaque voiture par une croix de la même
couleur.

opération

mathieu a .... voitures.

les nombres de seize à dix-neuf

1 groupe par dix et écris le nombre correspondant.

2 écris avec des chiffres.

sept	
quinze	
dix-huit	
seize	
dix-sept	
treize	
dix-neuf	
quatorze	
onze	

3 complète.

10 + 5 = ...	4 + 5 = ...
10 + 7 = ...	4 + 15 = ...
10 + 3 = ...	6 + 2 = ...
10 + 4 = ...	6 + 12 = ...
10 + 9 = ...	12 + 6 = ...
10 + 8 = ...	3 + 4 = ...
10 + 2 = ...	14 + 3 = ...

7 = 2 + ...	9 = 3 + ...
17 = 12 + ...	19 = 13 + ...
17 = 2 + ...	19 = 3 + ...

ordre sur les nombres de zéro à vingt

1 écris le nombre de perles. complète avec les signes < ou >.

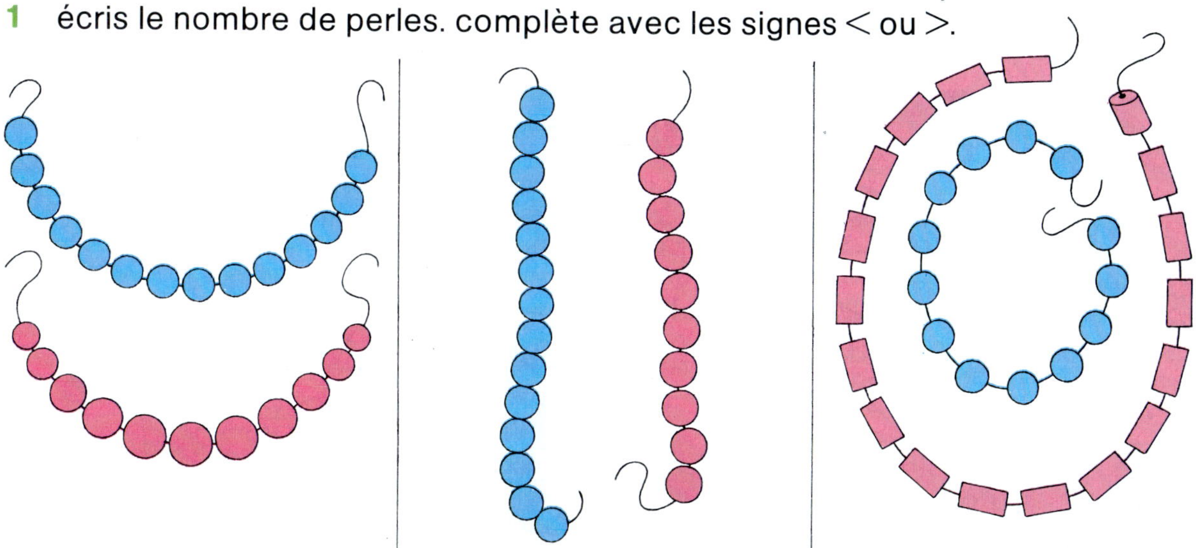

______ - - - - - - ______   ______ - - - - - - ______   ______ - - - - - - ______

2 compare les nombres en utilisant les signes <, >, =.

17 14
13 9
17 19
11 15
16 15

19 18
17 11
16 18
9 11
12 14

3 compare les sommes en utilisant les signes <, >, =.

7 + 7 ...... 5 + 5
14   10

10 + 8 ...... 9 + 9
....

10 + 2 ...... 6 + 3
....

5 + 4 ...... 3 + 4
....

11 + 3 ...... 9 + 7
....

9 + 8 ...... 9 + 7
....

4 écris les nombres qui manquent

8 < ... < ... < ... < 12 < ... < ... < ... < 16

13 > ... > ... > 10 > ... > ... > 7 > ... > ...

ordre sur les nombres, notion de rang

1 numérote les maisons que le facteur va visiter au cours de sa tournée.

2 observe le tableau et colorie en partant de la gauche.

rouge	jaune	bleu
1er 4e	2e 5e	3e 6e 9e
13e 16e	8e 11e	12e 15e
7e 10e	14e	

3 relie les points en suivant l'ordre des nombres.

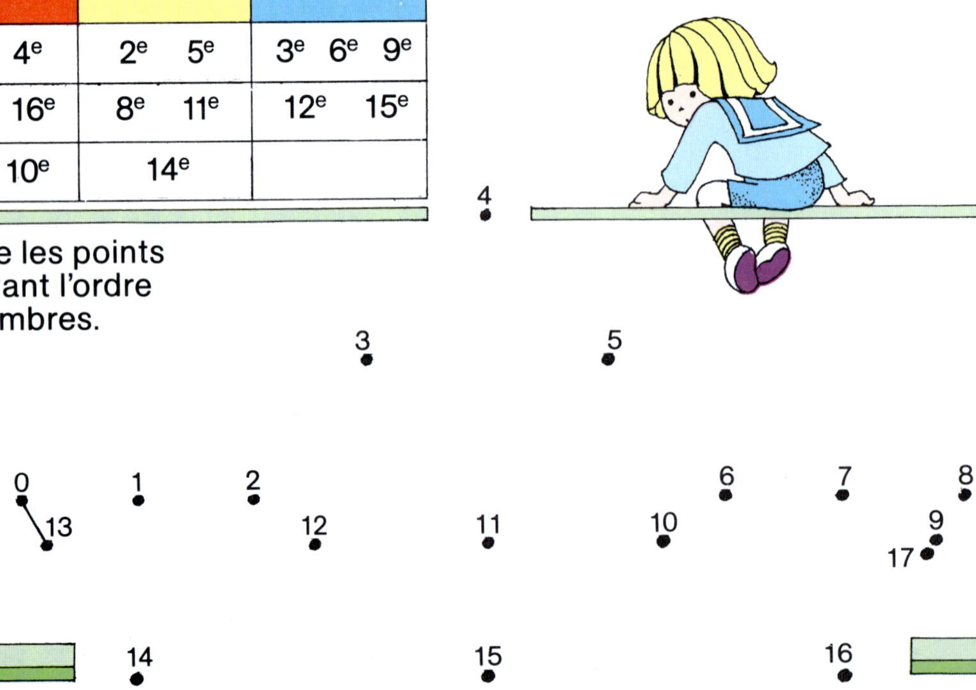

somme de plusieurs nombres

1 complète.

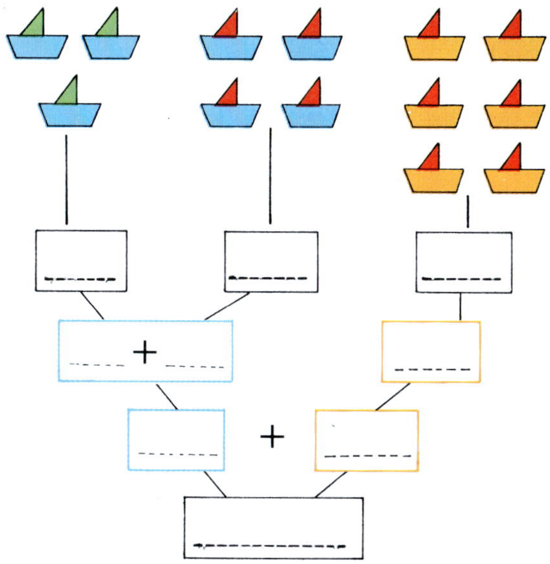

nombre de bateaux.

(...... + ...) + ... = ... + ...

= ....

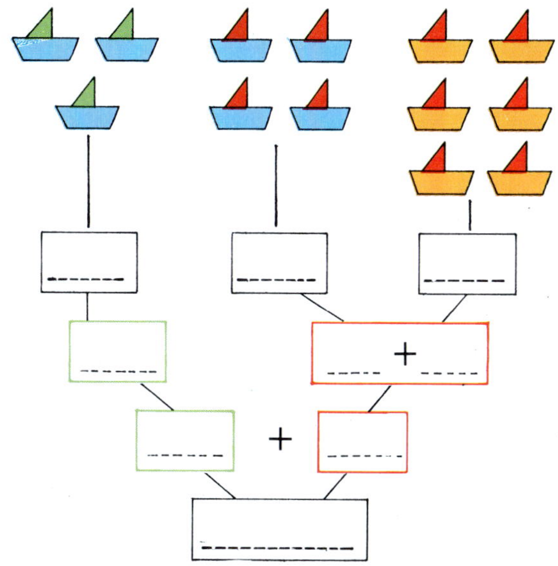

nombre de bateaux.

...... + (...... + ...) = ... + ...

= ....

2 calcule le nombre de cubes.

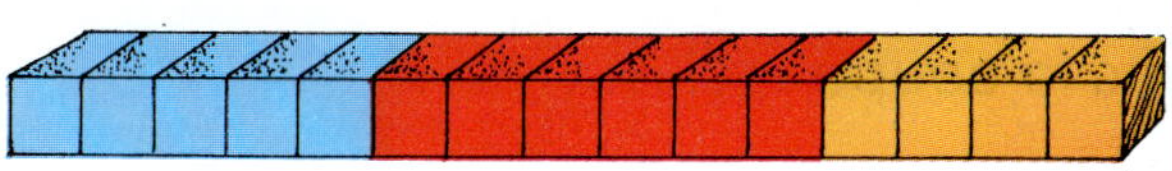

(...... + ...) + ...

...... + ... = ☐

...... + (...... + ...)

...... + ... = ☐

3 calcule

(5 + 1) + 4 = ... + ... = ...

2 + (4 + 6) = ... + ... = ...

(1 + 9) + 3 = ... + ... = ...

4 + (5 + 5) = ... + ... = ...

1 + (6 + 4) = ... + ... = ...

5 + (2 + 3) = ... + ... = ...

4 lecture.

11 14 13 17 2 4 0 6 18

7 1 3 5 19 8 15 16

problèmes

1 calcule de deux façons le nombre de blocs.

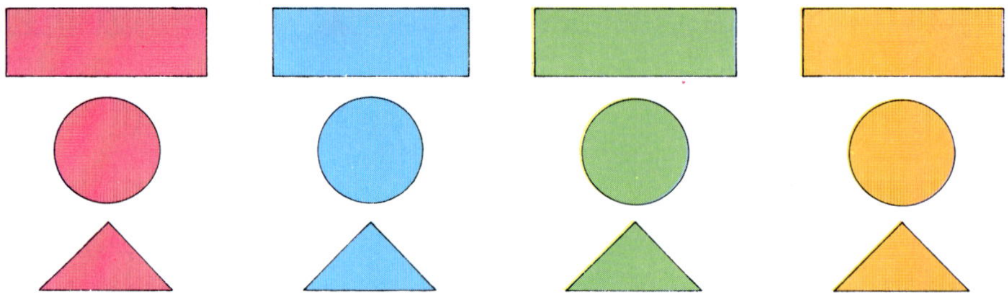

• ....

• ....

• ....

_____ + _____ + _____ = ...

_____ + _____ + _____ + _____ = ...

2 nombre de fruits dans la coupe : ....

nombre de fruits dans le panier : ....

nombre total de fruits : .... + ... = ...

nombre de bananes : ....

nombre d'oranges : ....

nombre total de fruits : .... + ... = ...

3 calcule le total de chaque ligne et de chaque colonne.

				total
	5	3	5	....
	6	0	4	....
	1	7	2	....
total	....	....	....	

somme de plusieurs nombres

1 calcule le nombre de coquillages.

(______ + ______) + ______

______ + ______ = ...

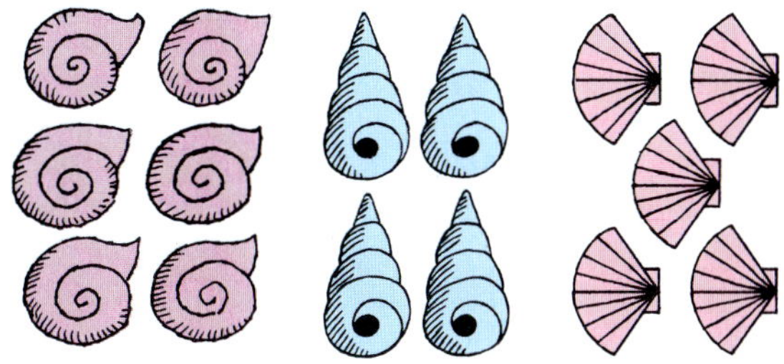

______ + (______ + ______)

______ + ______ = ...

2 calcule.

2+3+7= ....
4+4+2= ....
3+6+6= ....
2+7+4= ....
2+3+6= ....

3 complète en n'utilisant que des 2.

6=2+2+ ....
10=2+2+ ....
12=2+ ....
8=2+ ....
14=2+ ....

4 cherche encore.

mathieu a ramassé 6 coquillages, émilie en a ramassé 7 et barnabé 2.
combien de coquillages rapportent-ils?

opération : .... + ... + ... = ...

ils rapportent .... coquillages.

problèmes

1 dans une coupe il y a 4 pommes, 6 oranges et 3 bananes.
combien y a-t-il de fruits?

dessine les fruits

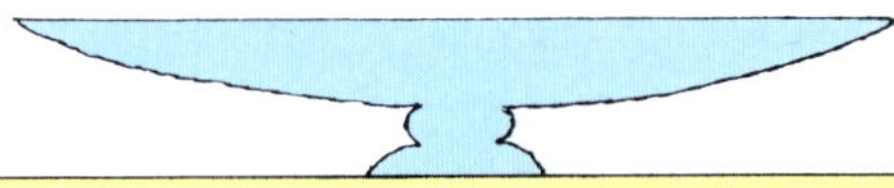

opération

______ + ______ + ______ = ______

il y a .... fruits dans la coupe.

2 éric a 7 soldats. il voudrait en avoir 12. combien doit-il encore en acheter?

opération

________ + ________ = ______

il doit acheter .... soldats

3 barnabé a joué aux fléchettes. calcule son nombre de points.
qu'a-t-il gagné?

nombre de points : ....

il a gagné : ....

relations

1 voici 4 blocs logiques :

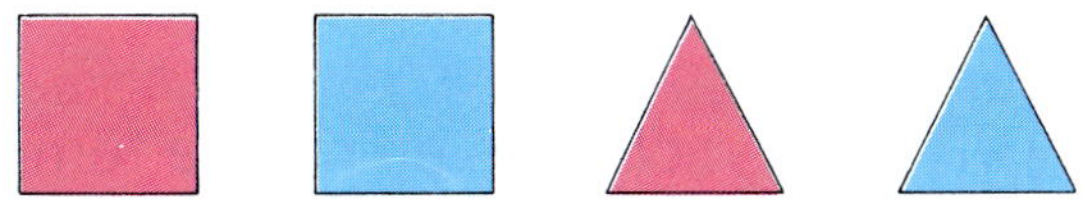

et 2 "machines"

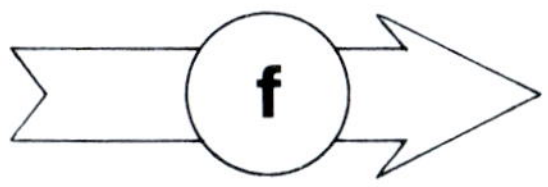

cette machine change la forme des blocs.

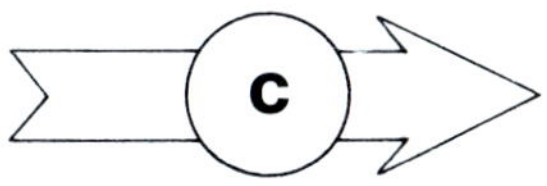

cette machine change la couleur des blocs.

2 dessine les blocs qui manquent.

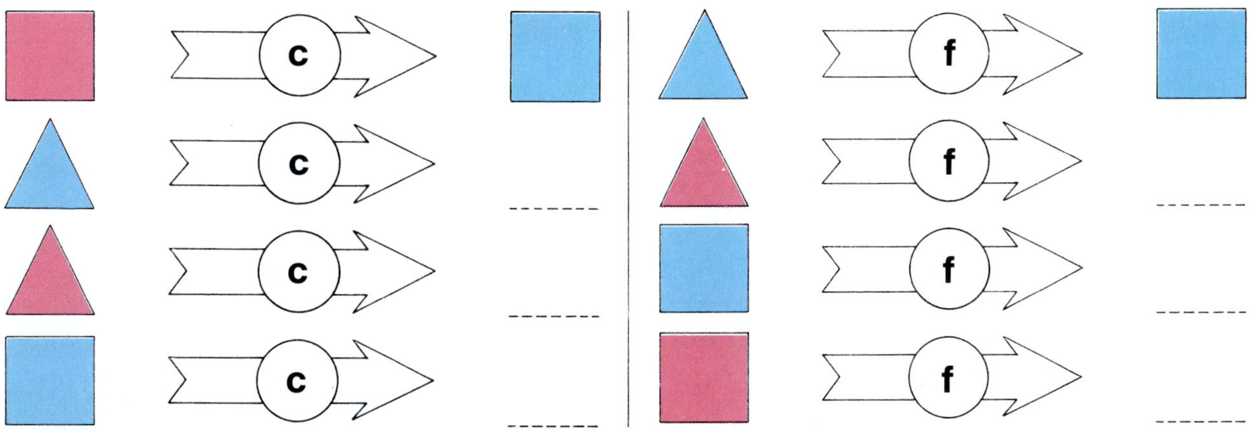

3 écris le nom des machines.

4 dessine les blocs qui manquent.

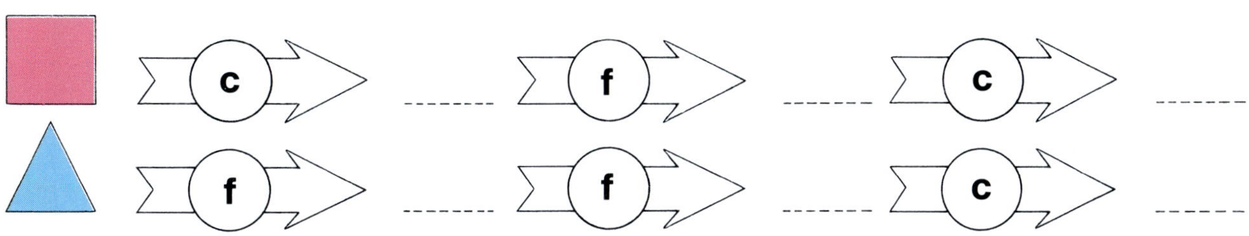

relations

1 voici 2 nouvelles machines.

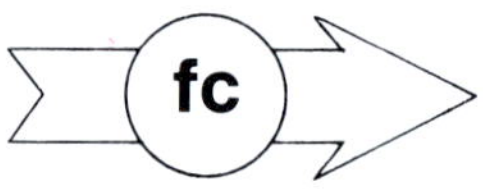

change en même temps la forme et la couleur.

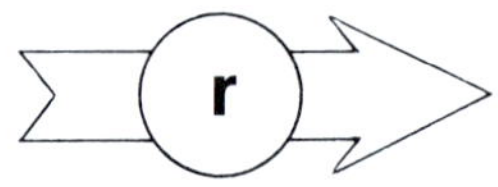

ne change rien.

2 dessine les blocs qui manquent.

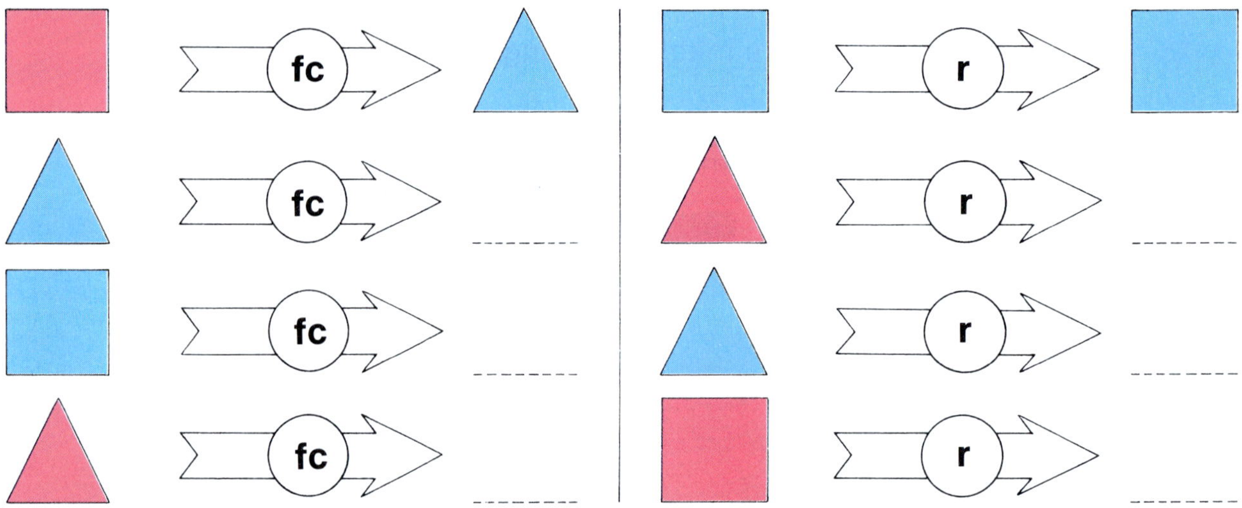

3 complète et écris le nom de la machine.

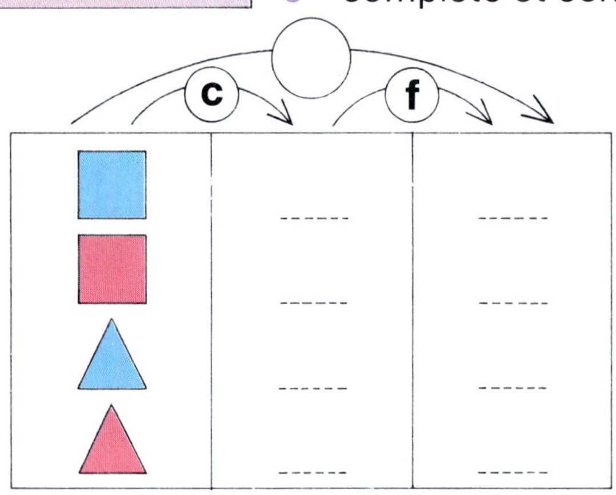

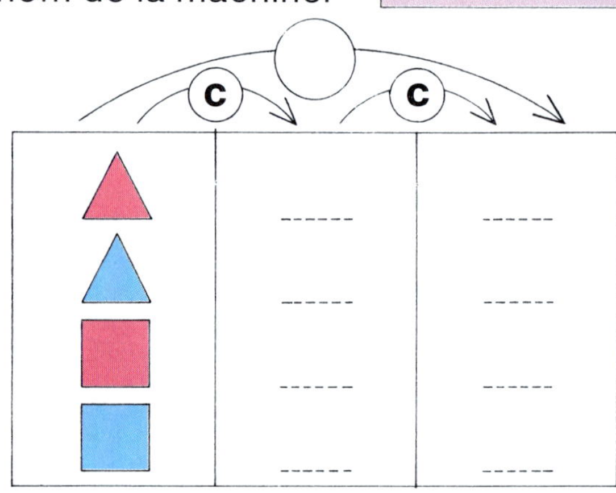

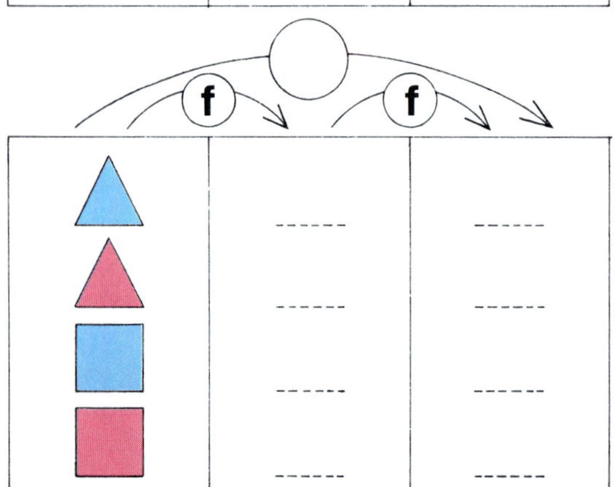

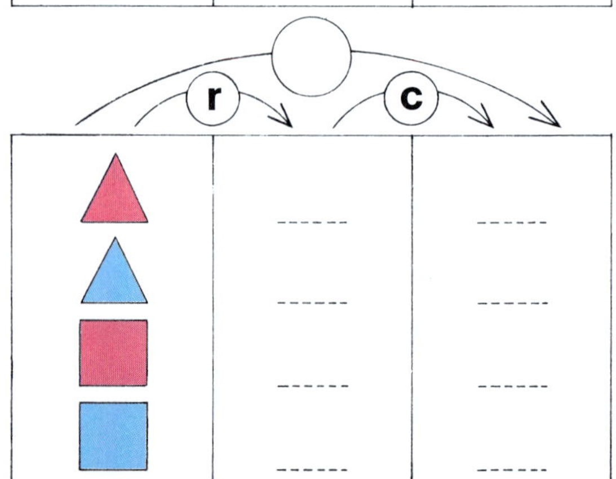

1 complète.

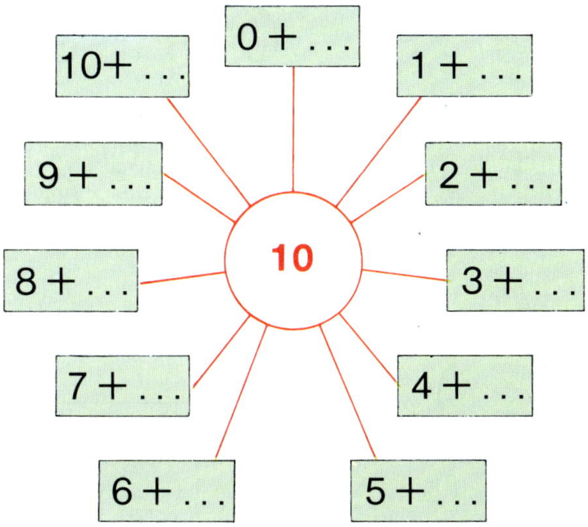

2 entoure les nombres dont la somme est 10 et calcule.

(4) + 7 + (6) = 10 + 7 = 17

3 + 5 + 7 = ... + ... = ...

1 + 9 + 3 = ... + ... = ...

5 + 3 + 5 = ... + ... = ...

3 + 7 + 6 = ... + ... = ...

2 + 5 + 5 = ... + ... = ...

3 observe et décompose pour obtenir 10.

5 + 8

(5) + (5) + 3 = 10 + 3 = ...

5 + 6

( ) + ( ) + ... = 10 + ... = ...

6 + 7

( ) + ( ) + ... = 10 + ... = ...

9 + 3

( ) + ( ) + ... = 10 + ... = ...

4 colorie la frise.

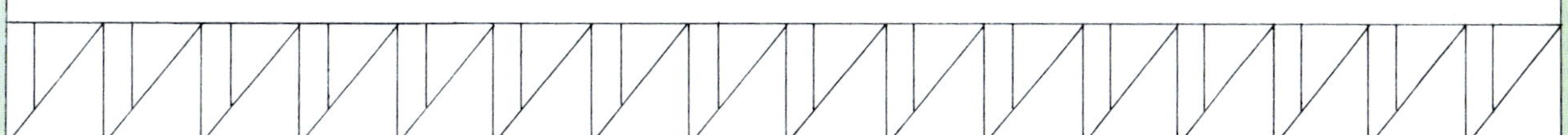

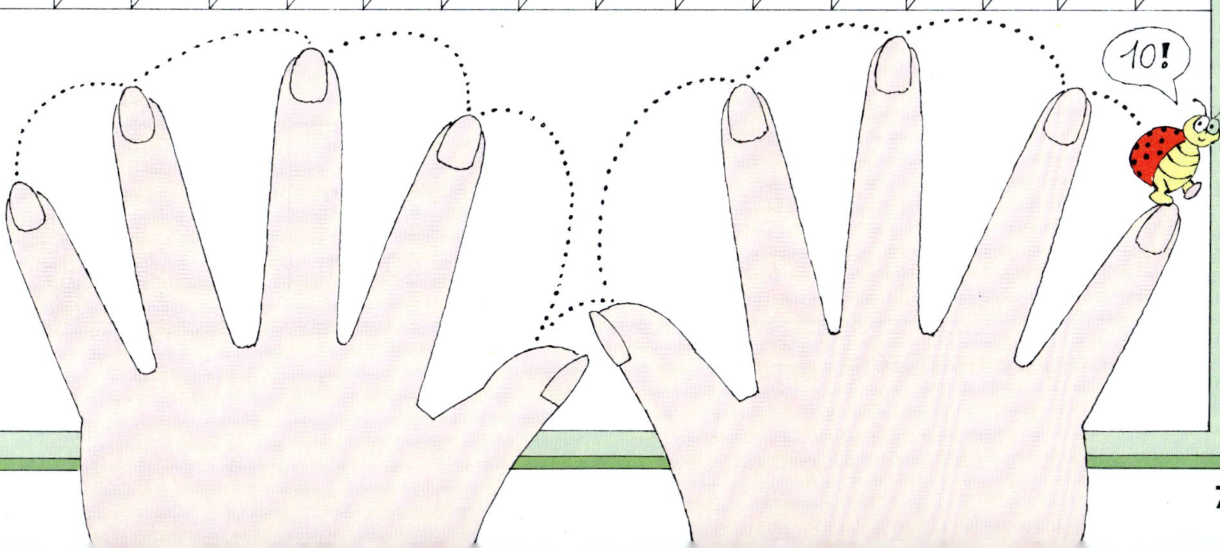

les nombres de vingt à vingt-neuf

1 groupe par dix et complète le tableau.

d	u

d	u

2 complète.

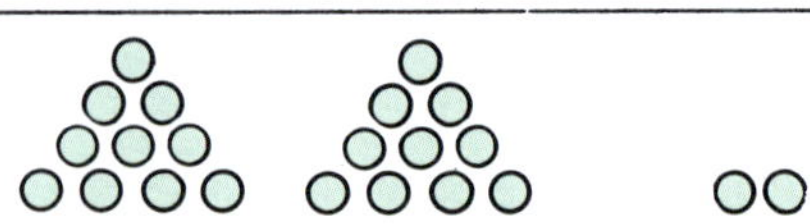	d	u	
	2	2	22 = 20 + 2
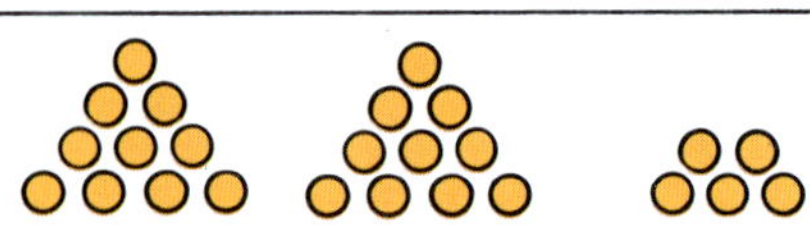	d	u	
			...... = ... + ...
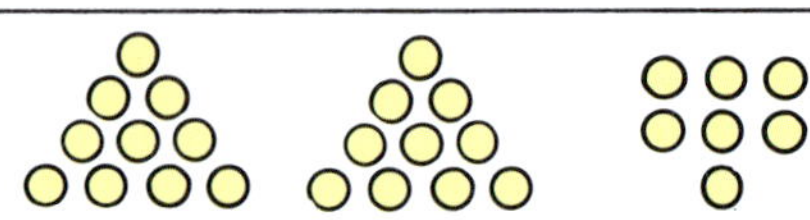	d	u	
			...... = ... + ...
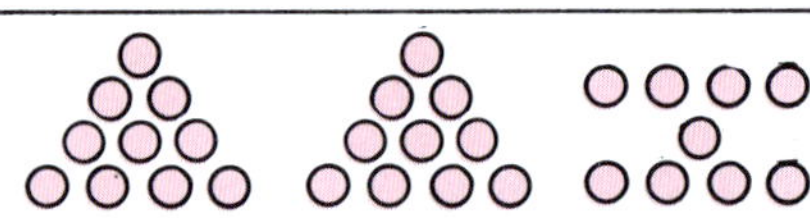	d	u	
			...... = ... + ...

3 calcule.

10 + 4 = ...	20 + 8 = ...	.... = 20 + 5
20 + 4 = ...	20 + 6 = ...	.... = 20 + 2
20 + 3 = ...	20 + 7 = ...	.... = 20 + 1

4 dictée de nombres.

ordre sur les nombres de vingt à vingt-neuf

1 complète les étiquettes. mets le signe < ou >.

2 complète avec le signe < ou >.

14 24	27 20	(20 + 5) 27
17 23	23 29	27 .... (20 + 3)
24 17	28 29	(10 + 8) 28
12 21	25 21	(20 + 3) .... (20 + 5)
27 18	24 22	(20 + 1) .... (20 + 7)

3 écris les nombres qui manquent dans les cases.

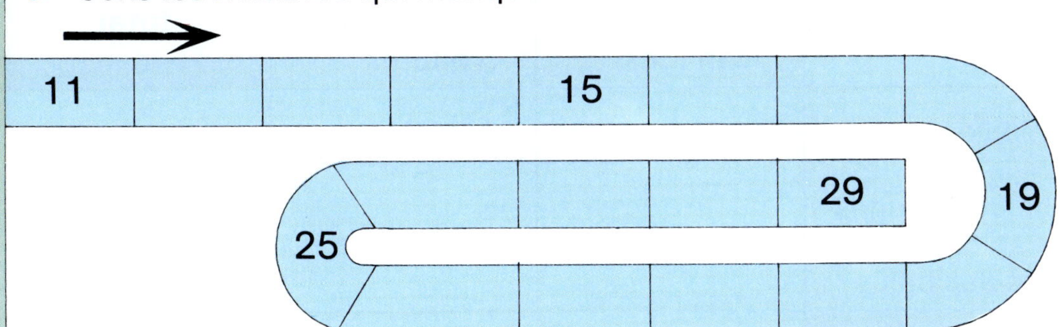

4 écris avec des chiffres.

vingt et un		dix-huit	
vingt-deux		vingt-neuf	
vingt-sept		vingt-cinq	

calculs et problèmes

1 observe l'exemple et calcule de deux façons différentes.

$4 + 6 + 3$ < $(4 + 6) + 3 = 10 + 3 = 13$
$4 + (6 + 3) = 4 + 9 = 13$

$4 + 6 + 9$ < (...... + ...) + ... = ... + ... = ...
...... + (...... + ...) = ... + ... = ...

$10 + 5 + 5$ < (...... + ...) + ... = ... + ... = ...
...... + (...... + ...) = ... + ... = ...

$7 + 3 + 4$ < (...... + ...) + ... = ... + ... = ...
...... + (...... + ...) = ... + ... = ...

$5 + 2 + 3$ < ....
....

2 observe les dessins et remplis le tableau.

	nombre de camions	nombre de voitures	**total**
nombre de véhicules verts	1	----------	----------
nombre de véhicules rouges	----------	----------	----------
nombre de véhicules bleus	----------	----------	----------
total	----------	----------	

3 colorie la frise.

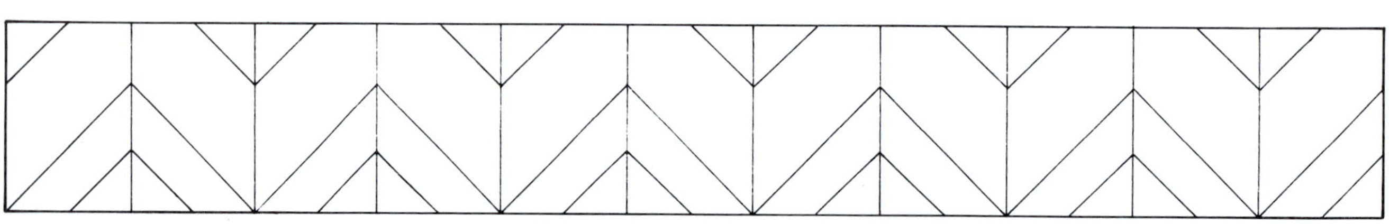

rythmes et couleurs

1 dessine les figures qui manquent.

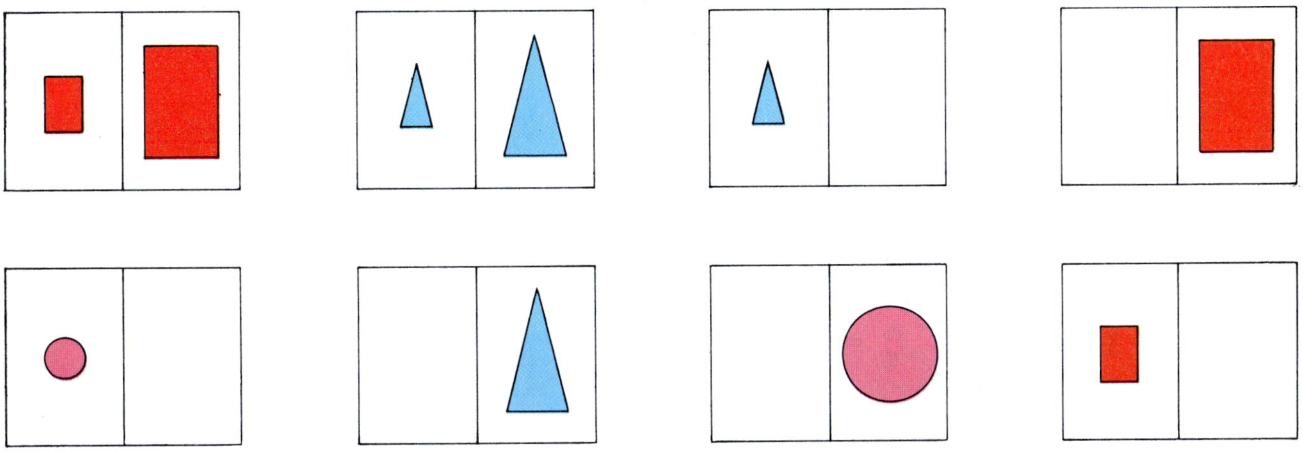

2 observe le disque et colorie les cases.

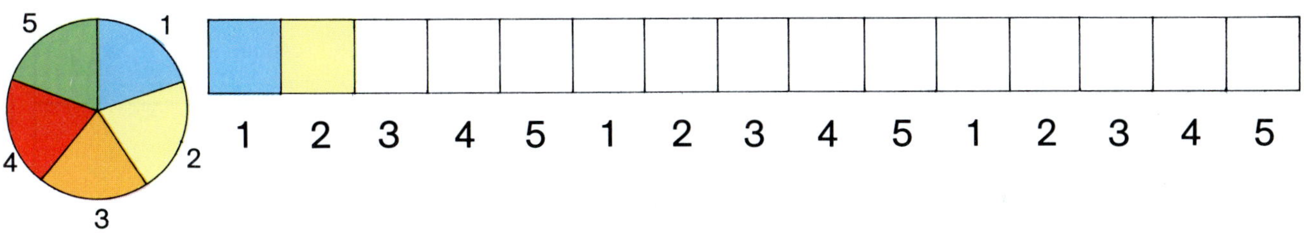

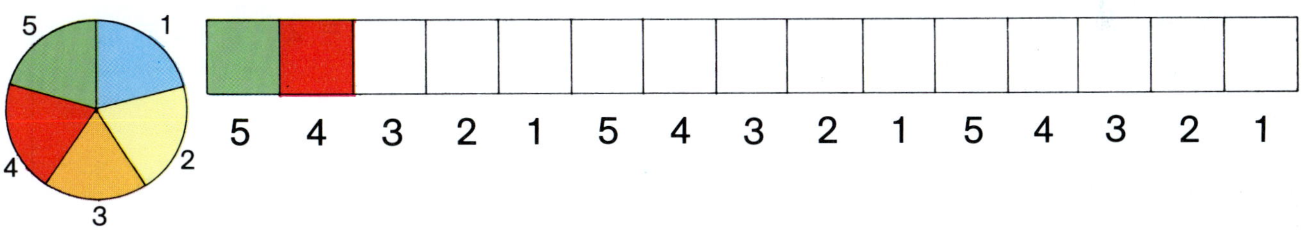

3 observe le disque, colorie les cases numérotées et continue.

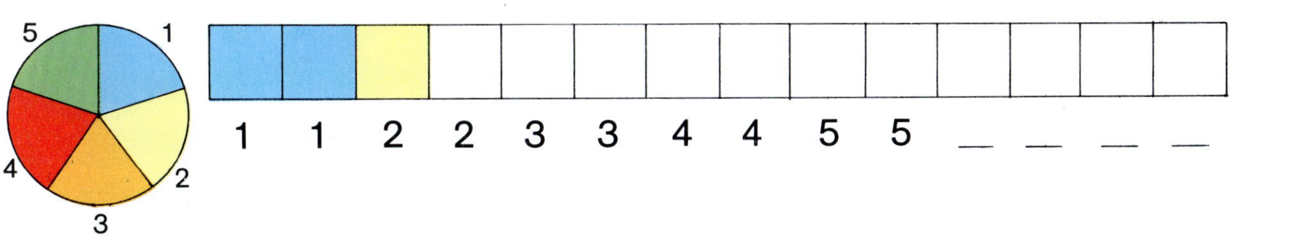

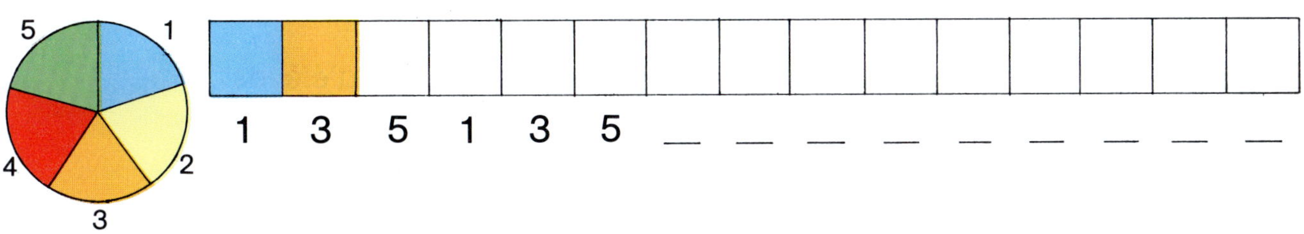

calculs et problèmes

1 entoure les nombres dont la somme est 20 et calcule.

(14) + 5 + (6) = 20 + 5 = 25

11 + 7 + 9 = 20 + ... = ...

4 + 7 + 13 = 20 + ... = ...

12 + 4 + 8 = 20 + ... = ...

17 + 3 + 4 + 3 = 20 + ... + ... = ...

2 + 18 + 4 + 1 = 20 + ... + ... = ...

2 observe et décompose pour obtenir 20.

17 + 5

(17) + (3) + 2 = 20 + 2 = 22

18 + 7

(...) + (...) + ... = 20 + ... = ...

14 + 9

(...) + (...) + ... = 20 + ... = ...

16 + 9

(...) + (...) + ... = 20 + ... = ...

3 **cherche encore**

dans une classe, il y a 15 filles et 10 garçons. combien y a-t-il d'élèves?

il y a .... élèves

opération

.... + ... = ...

dans cette classe 20 élèves mangent à la cantine. combien d'élèves mangent à la maison?

.... élèves mangent à la maison

opération

20 + ... = ...

problèmes

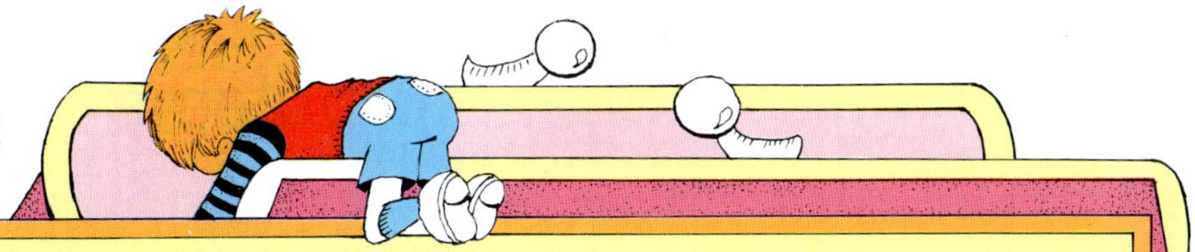

1 écris la valeur de chaque pièce.

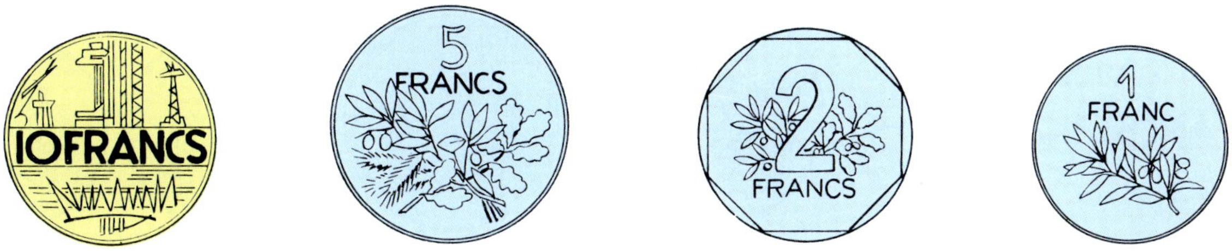

...... F ...... F ...... F ...... F

2 barnabé ne veut avoir dans son porte-monnaie que des pièces de 1 F.

voici les pièces de barnabé.	il peut avoir
	...... pièces de 1 F
	...... pièces de 1 F
	...... pièces de 1 F

3 émilie veut avoir le moins de pièces possible dans son porte-monnaie.

voici les pièces d'émilie	elle peut avoir
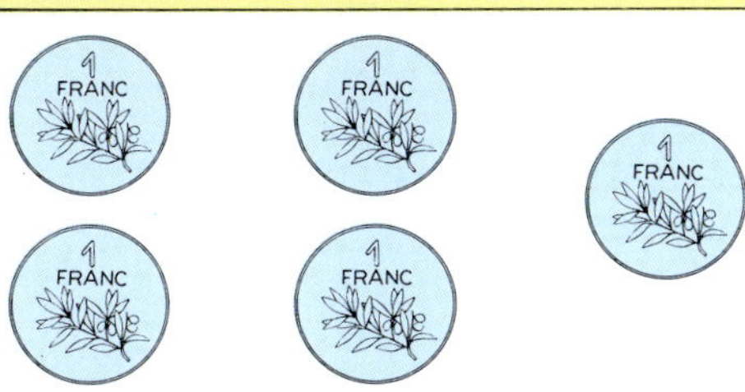	.... pièce de .... F
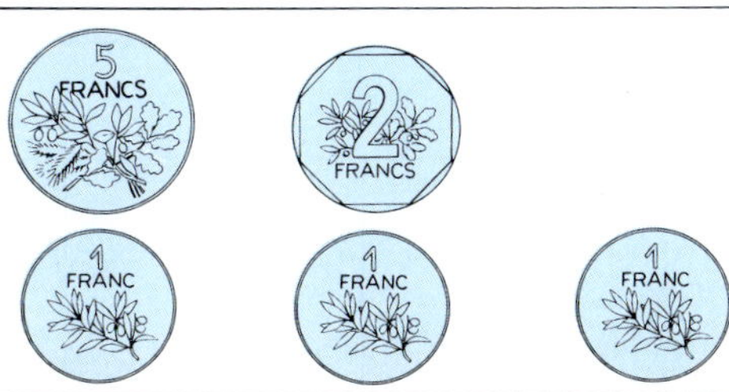	.... pièce de .... F

problème

1 voici l'argent que mathieu a dans son porte-monnaie.

mathieu a ...... francs dans son porte-monnaie

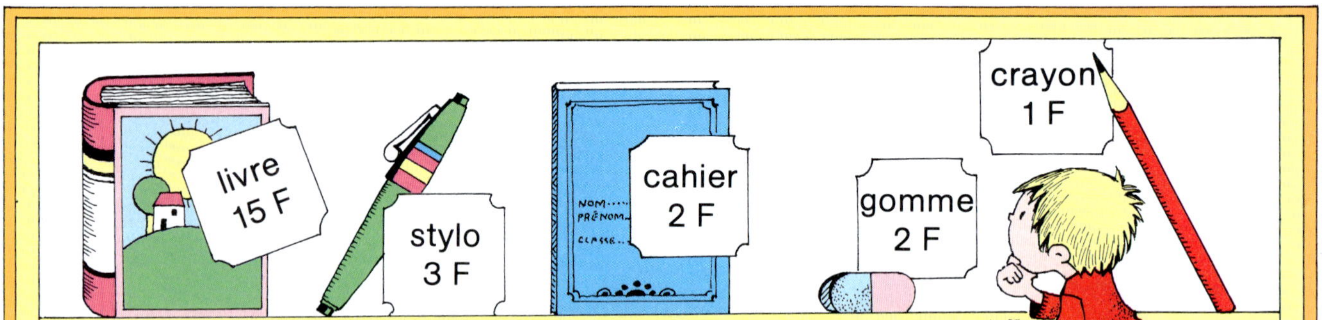

mathieu veut acheter un livre, un stylo et un cahier.

combien doit-il payer ?

mathieu doit payer ...... francs

opération

a-t-il assez d'argent ? ......

peut-il acheter autre chose ? ....

2 colorie la frise.

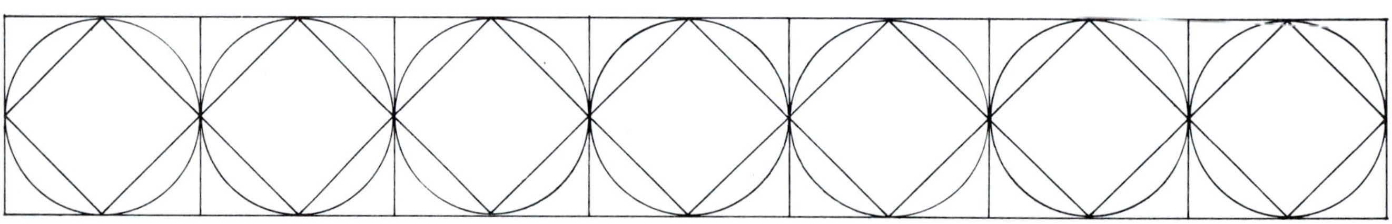

déplacements  sur quadrillages

1 en suivant les indications trace le chemin parcouru par la fourmi.

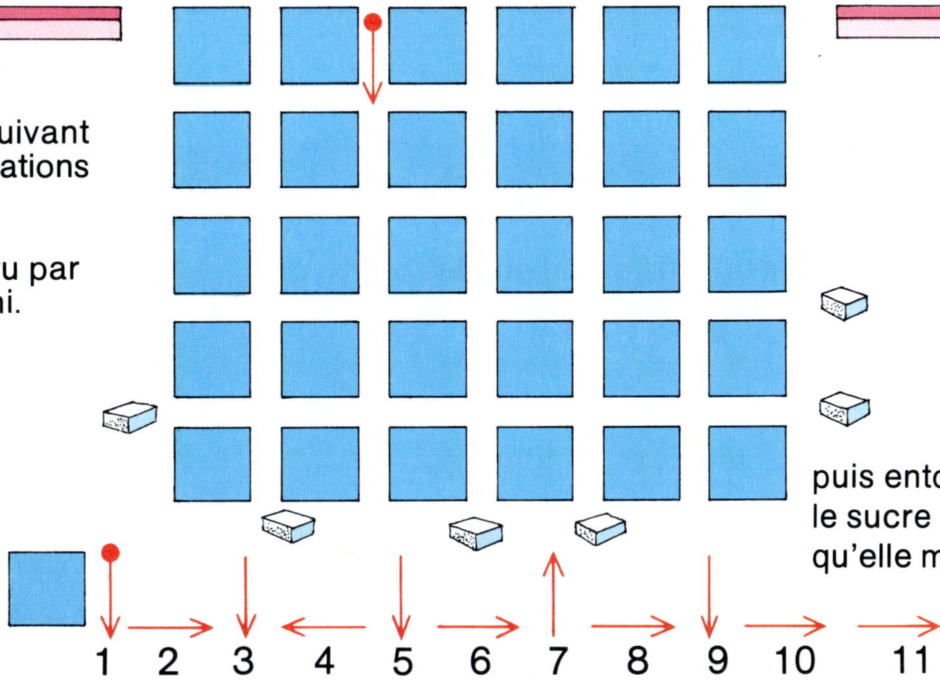

puis entoure le sucre qu'elle mangera.

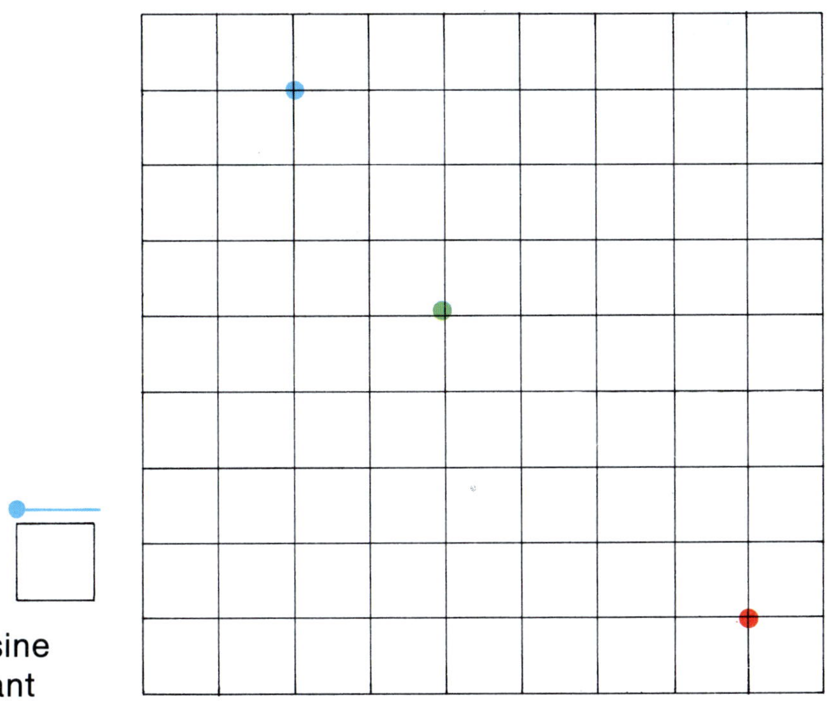

2 dessine en suivant les indications.

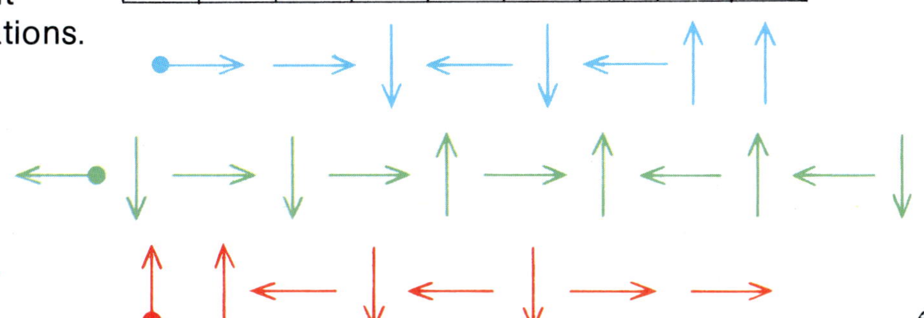

1 écris les nombres du plus petit au plus grand.

14 21 27 19 22 24 23 29

2 écris les nombres du plus grand au plus petit.

19 27 23 14 21 20 15 29

3 **cherche encore** **opérations**

nombre de fleurs dans les vases bleus .... + ... + ... = ...

nombre de fleurs dans les vases verts .... + ... = ...

nombre total de fleurs .... + ... = ...

nombre de fleurs jaunes .... + ... + ... = ...

nombre de fleurs roses .... + ... = ...

nombre total de fleurs .... + ... = ...

mosaïques

1 continue à colorier les mosaïques.

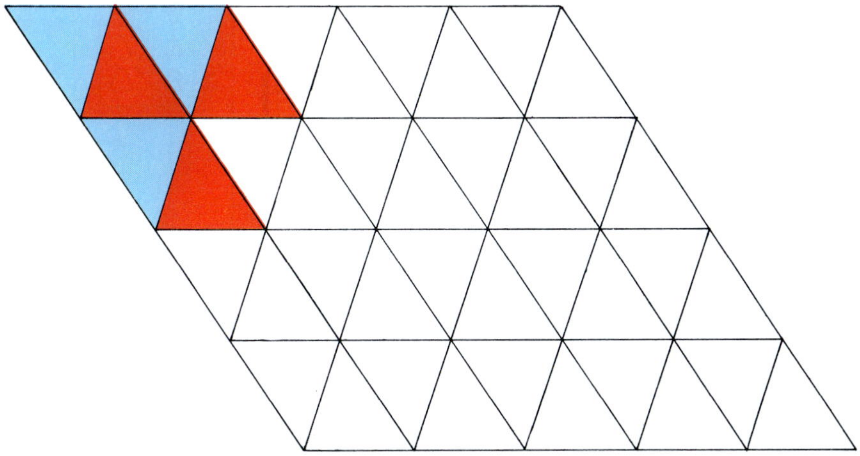

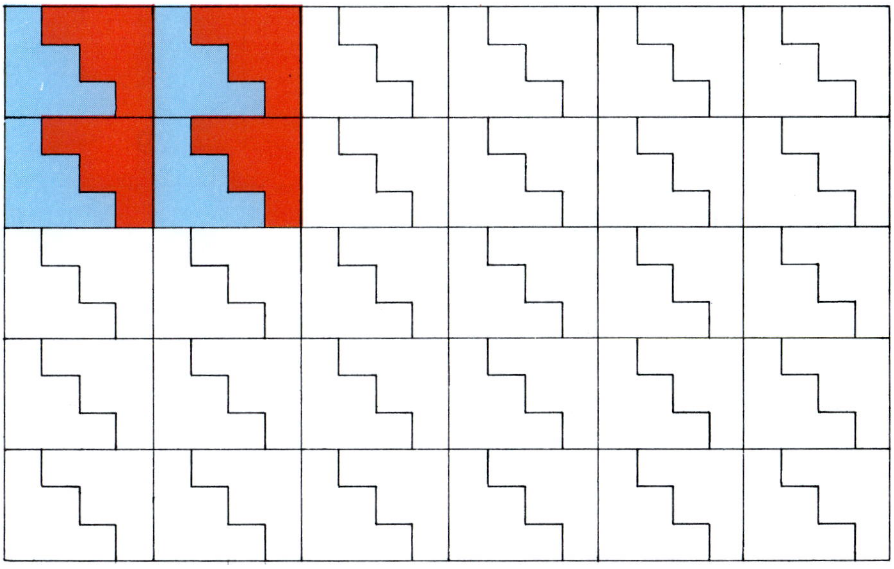

2 trace le motif et colorie.

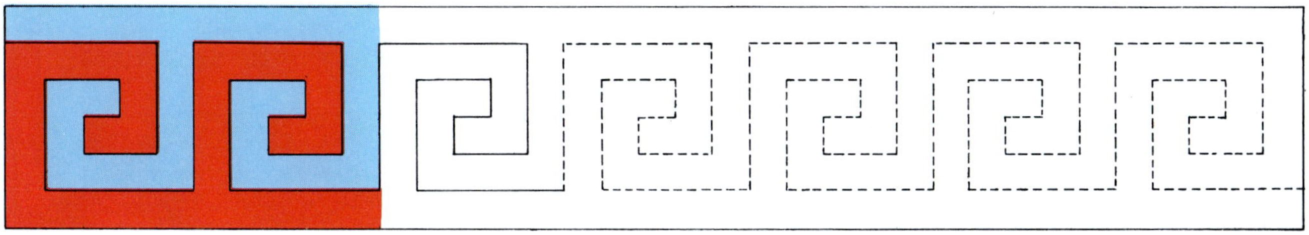

les nombres de trente à trente-neuf

1 complète les tableaux.

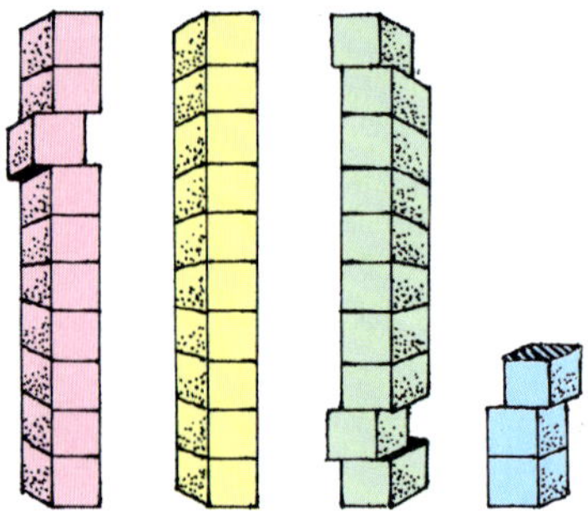

d	u

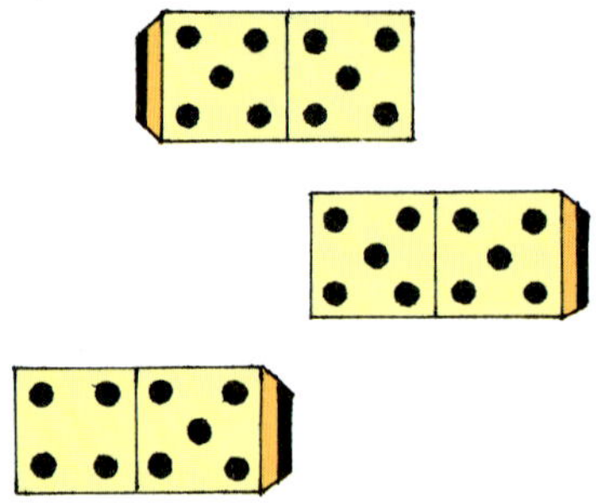

d	u

d	u

2 complète les additions.

30 + 2 = ...	30 + ... = 31	.... + 4 = 34
30 + 4 = ...	30 + ... = 39	.... + 5 = 15
30 + 6 = ...	30 + ... = 37	.... + 8 = 28
30 + 3 = ...	30 + ... = 30	29 + ... = 30

3 écris les nombres du plus petit au plus grand.

17 20 27 24 38 31 30 37 33

....

4 écris les nombres du plus grand au plus petit.

23 13 33 37 28 20 35 39 31

....

5 écris avec des chiffres.

trente-deux		vingt-quatre	
vingt-six		dix-sept	
trente et un		trente-neuf	

calculs et problèmes

1 entoure les nombres dont la somme est 10 et calcule.

(2) + (8) + 17 = 10 + 17 = 27

6 + 15 + 4 = 10 + ... = ...

20 + 7 + 3 = ... + ... = ...

5 + 12 + 5 = ... + ... = ...

1 + 14 + 9 = ... + ... = ...

2 calcule.

10 + 10 = ...

10 + 10 + 10 = ...

10 + 10 + 7 = ...

10 + 10 + 10 + 4 = ...

10 + 10 + 4 + 3 = ...

3 observe l'exemple et calcule.

14 + 13 = (10 + 4) + (10 + 3) = 10 + 10 + 4 + 3 = 27

12 + 15 = (10 + . . .) + (10 + . . .) = ...

14 + 11 = (. . . + . . .) + (. . . + . . .) = ...

13 + 15 = (. . . + . . .) + (. . . + . . .) = ...

4 cherche encore

ce matin barnabé avait 31 bonbons

voici les bonbons qui restent dans sa boîte

combien en a-t-il mangé ?

opération : . . . . + ... = ...

il a mangé . . . . . . bonbons

mosaïques

continue à colorier.

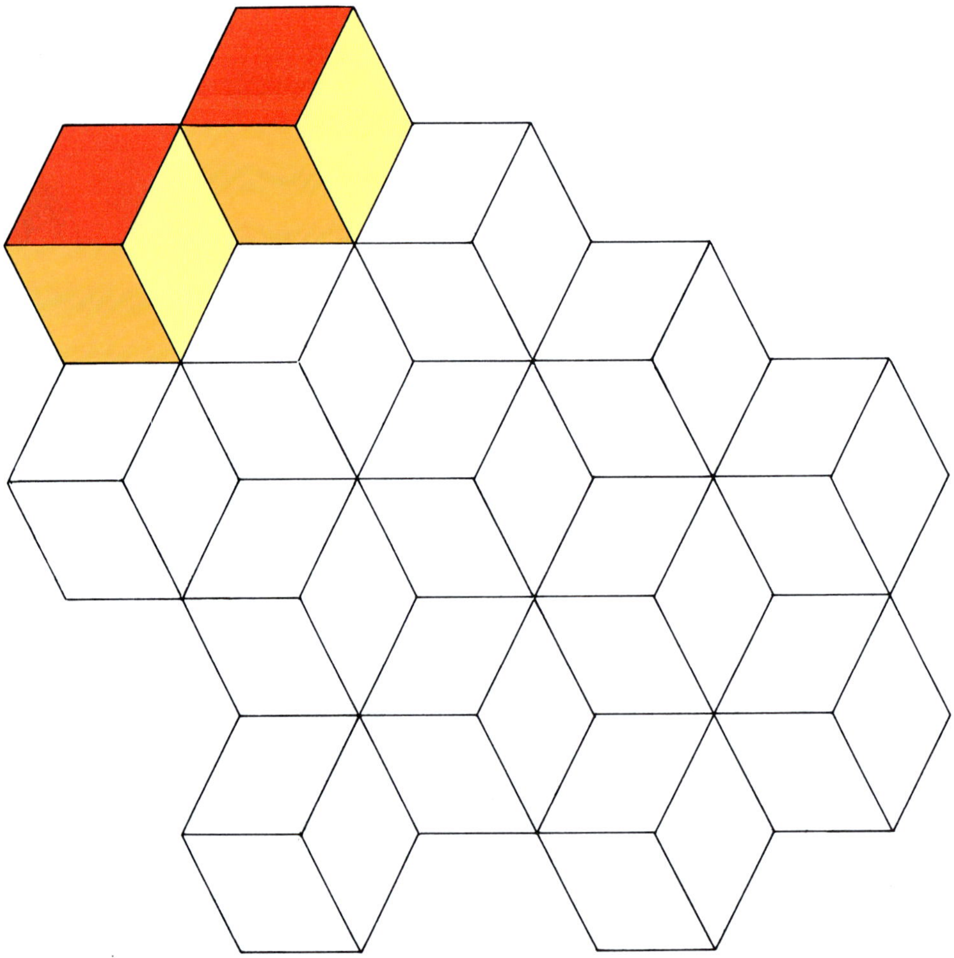

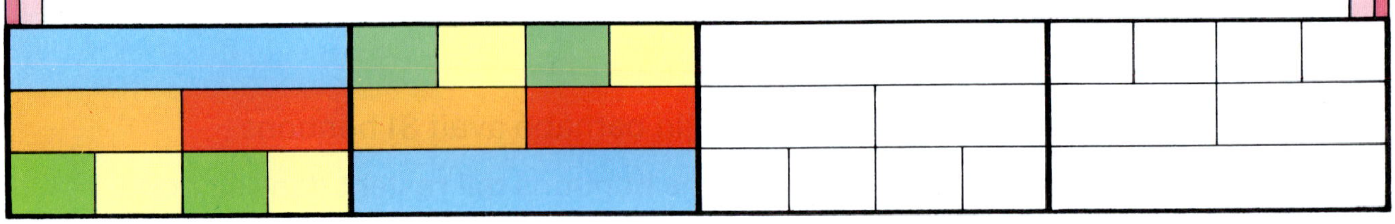

relations numériques

1 cette flèche signifie “ajouter 1”

cette flèche signifie “ajouter 2”

complète cette flèche qui signifie “ajouter 3”

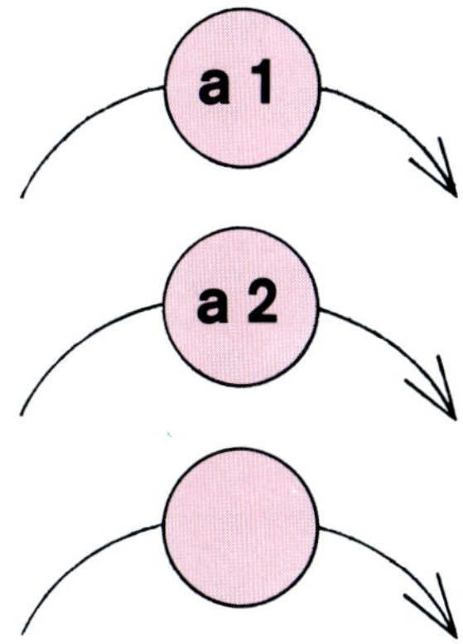

complète les tableaux

a 2

4	6
3	
7	
12	
11	

a 3

6	
10	
8	
4	
3	

a 1

7	
18	
21	
15	
9	

a 4

2	0	5	4	3

a 5

5	12	6	4	3

2 **cherche encore**

dessine 2 fleurs de plus dans chaque vase. écris l’addition correspondante et complète le tableau.

------+------=------ ------+------=------ ------+------=------

nombre de fleurs

	avant	après
vase vert	3	------
vase jaune	------	------
vase rose	------	------

relations numériques

1 complète les tableaux.

a 5

1	
11	
31	
21	
2	
22	
32	
12	

a 2 — a 3

4		
24		
14		
34		
23		
33		
13		
3		

2 continue à entourer un nombre sur cinq.

0 1 2 3 4 5 6 7 8 9 10 11 12 13
14 15 16 17 18 19 20 21 22 23 24 25
26 27 28 29 30 31 32 33 34 35 36 37

écris tous les nombres que tu as entourés.

----

3 complète.

	a2	a3	a5
6			

	a4	a5	a5
12			

complète les tableaux

14	23	4	0	36

a3

9	19	14	29	24

a5

Oooh!
Regardez derrière cette page!

découpages et pavages

1 découpe la figure.

2 colle les figures obtenues.

découpages et pavages

1 découpe la figure.

2 colle les figures obtenues.

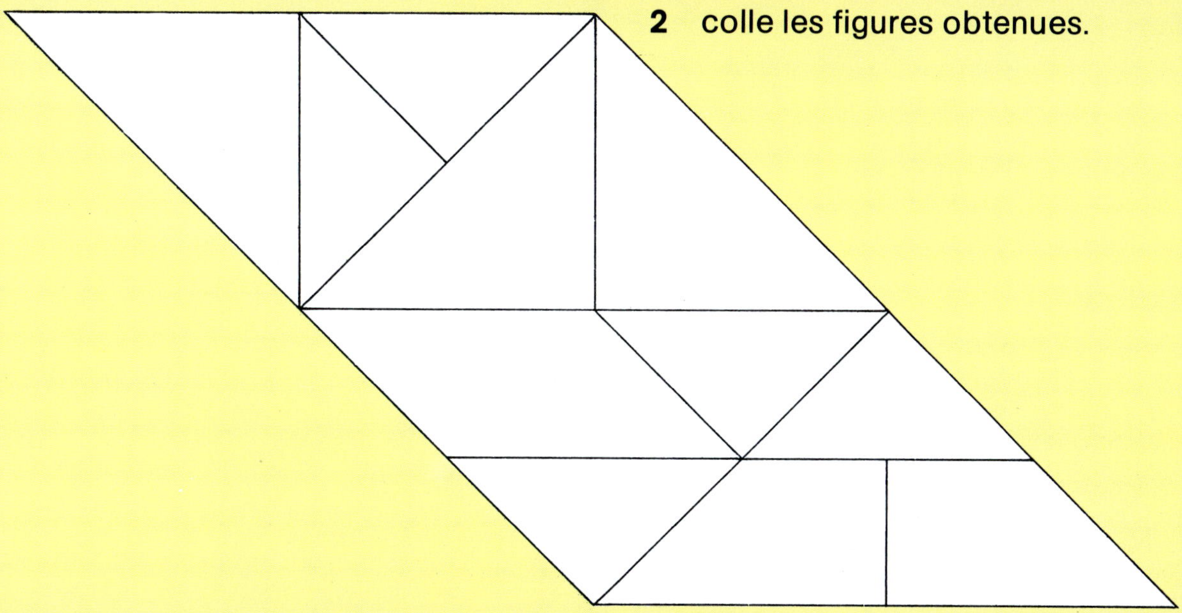

calculs et problèmes

1 complète les tableaux.

a2

4	--------
7	--------
6	--------
5	--------
3	--------
1	--------

a2

24	--------
27	--------
26	--------
25	--------
23	--------
21	--------

a2

34	--------
37	--------
36	--------
35	--------
33	--------
31	--------

2 compte de deux en deux.

0 2 . . . . 8 . . . . 20 .

1 3 . . . . 21 .

3 cherche encore.

mathieu a joué aux quilles.
avec la première boule il a fait tomber 8 quilles.
avec la deuxième boule il a fait tomber 4 quilles.
combien de quilles a-t-il fait tomber?

(tu peux entourer en rouge les quilles tombées avec la première boule et en bleu les quilles tombées avec la deuxième boule.)

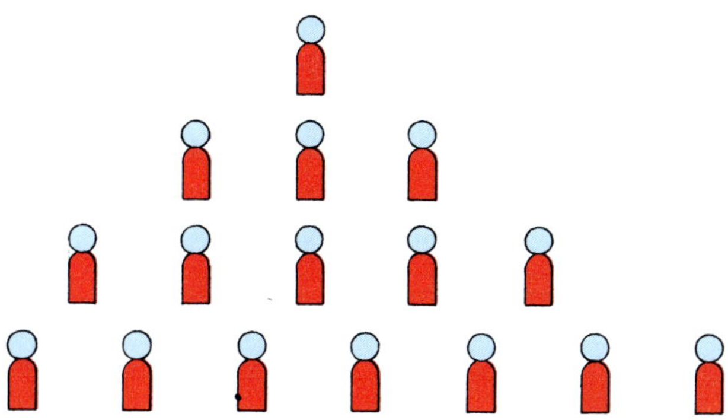

opération

. . . . + ... = ...

mathieu a fait tomber . . . . quilles.

les nombres de quarante à quarante-neuf

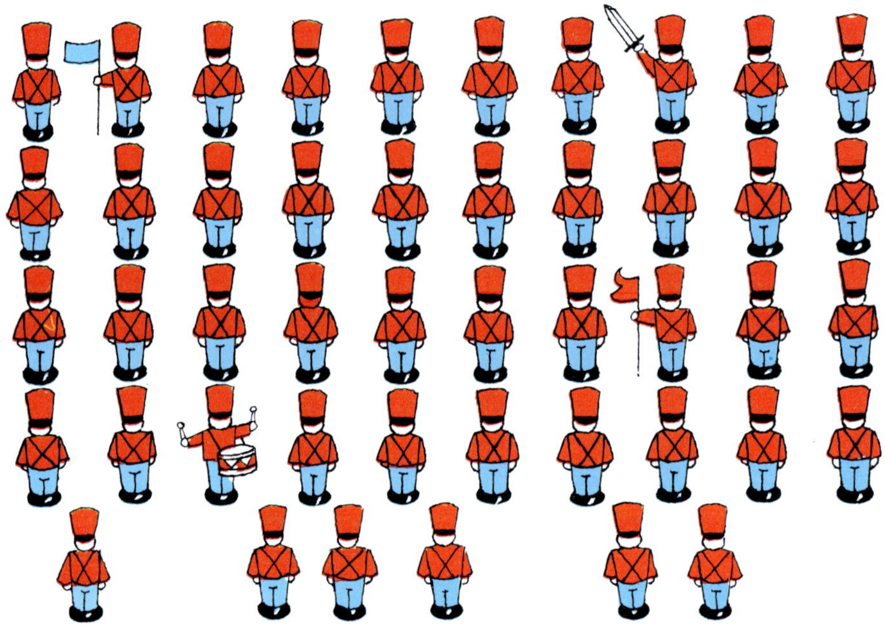

1 complète le tableau.

d	u

2 complète les additions.

40 + ... = 47	42 = 2 + ...	2 + 8 = ...	32 + ... = 40
40 + 6 = ...	41 = ... + 40	4 + 6 = ...	37 + ... = 40
40 + 8 = ...	. . . . . . = 7 + 40	7 + ... = 10	35 + ... = 40
40 + ... = 45	. . . . . . = 40 + 3	5 + ... = 10	34 + 6 = ...

3 cherche encore

mathieu veut ranger ses 28 soldats sur deux étagères.
il en pose 20 sur une étagère. combien en pose-t-il sur l'autre?
(tu peux faire le dessin en représentant chaque soldat par une croix.)

opération

. . . . + ... = ...

il place . . . . soldats sur l'autre étagère.

calculs et problèmes

1 calcule.

3 + 5 = ...	23 + 5 = ...	13 + 5 = ...
6 + 5 = ...	26 + 5 = ...	36 + 5 = ...
7 + 5 = ...	17 + 5 = ...	27 + 5 = ...
5 + 5 = ...	15 + 5 = ...	25 + 5 = ...

2 compte de 5 en 5.

0	. . . . . .	. . . . . .	. . . . . .	. . . . . .	. . . . . .	. . . . . .	35
2	. . . . . .	. . . . . .	. . . . . .	. . . . . .	. . . . . .	. . . . . .	37
3	. . . . . .	. . . . . .	. . . . . .	. . . . . .	. . . . . .	. . . . . .	38

3 cherche encore.

un autobus part avec 10 voyageurs
au premier arrêt il prend 5 voyageurs
au deuxième arrêt il prend 5 voyageurs
au troisième arrêt il prend 10 voyageurs.

combien y a-t-il alors de voyageurs dans l'autobus ?

opérations

. . . . + ... + ... + ... = ...

il y a . . . . . . personnes dans l'autobus.

symétrie

colorie l'autre partie du dessin en respectant la symétrie.

1

2

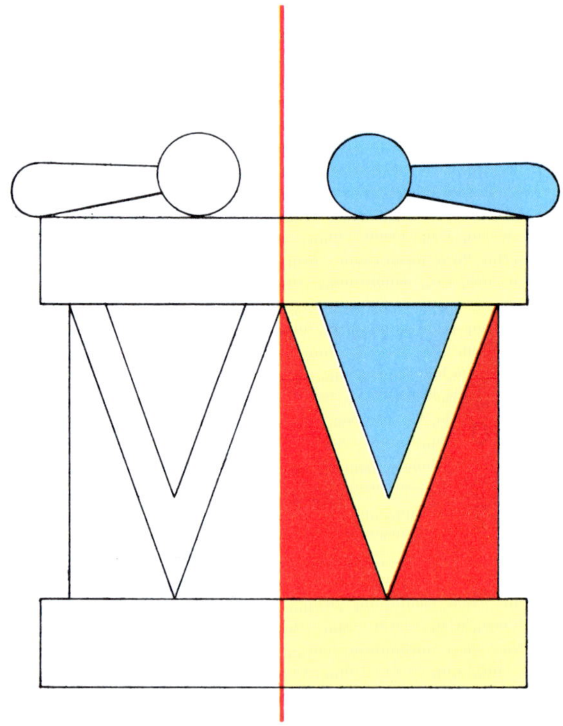

3

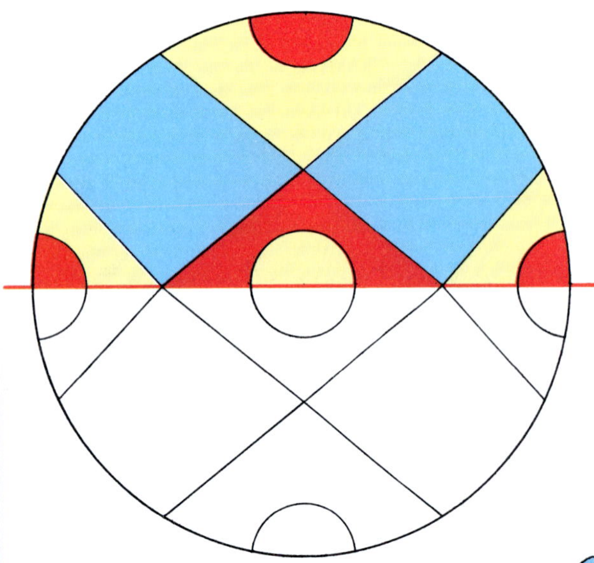

4

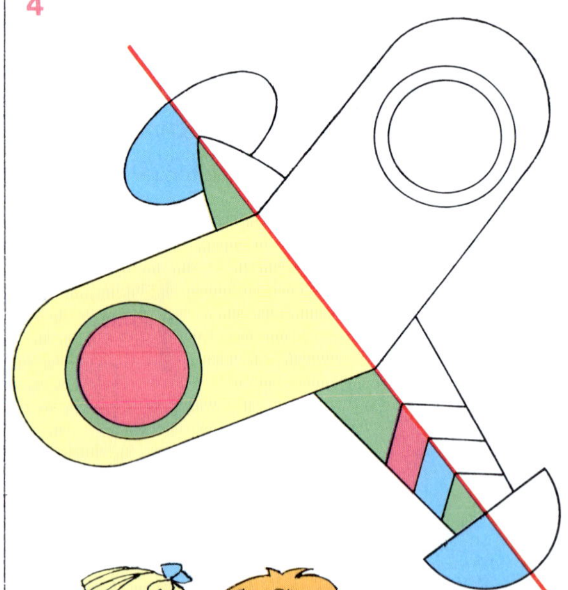

symétrie

trace les axes de symétrie.

1

2

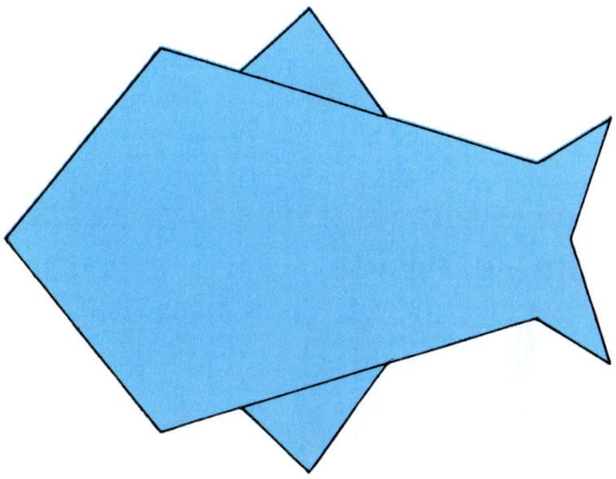

3

4

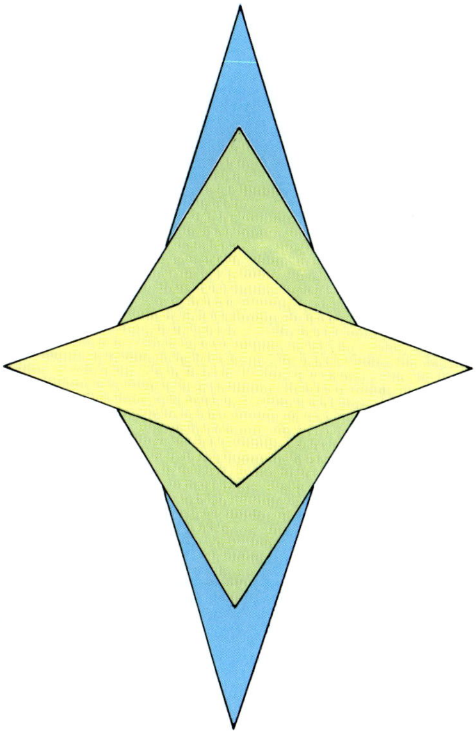

l'addition

1 complète le tableau.

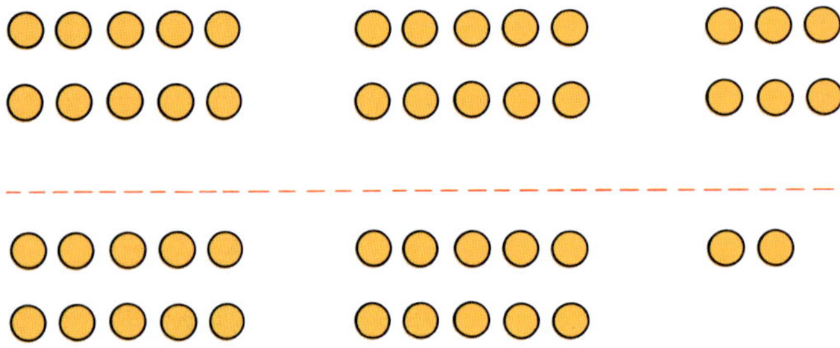

	d	u
	------	------
+	------	------

2 même exercice.

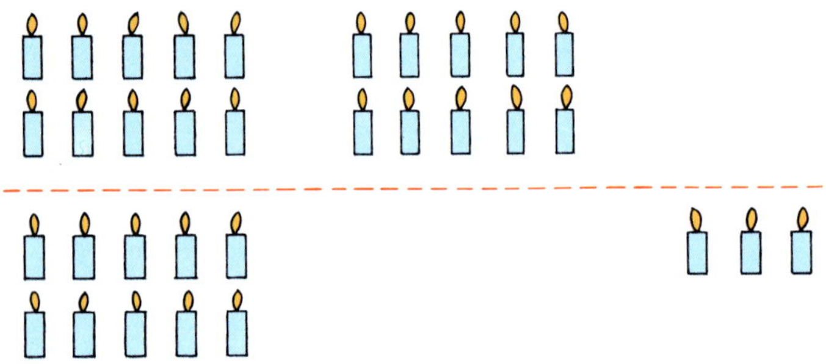

	d	u
	------	------
+	------	------
	------	------

3 dessine des ronds et complète.

	d	u
	1	2
+	1	5
	------	------

4 calcule.

23 +22 ---------	15 +34 ---------	28 +21 ---------	17 +32 ---------

l'addition technique opératoire

1 pose et effectue les additions.

23 + 14 = ...

	d	u
+		
=		

24 + 5 = ...

	d	u
+		
=		

8 + 31 = ...

	d	u
+		
=		

23 + 25 = ...

+

=

25 + 4 = ...

+

=

3 + 46 = ...

+

=

2 cherche encore.

voici 5 enfants : jean, alain, nicolas, sylvie, aline.
on sait que jean et aline n'ont pas de chapeau
et que nicolas est entre sylvie et aline.
écris le nom des enfants.

puzzles

1 entoure la forme qui manque dans chaque rectangle.

2 numérote chaque pièce du puzzle.

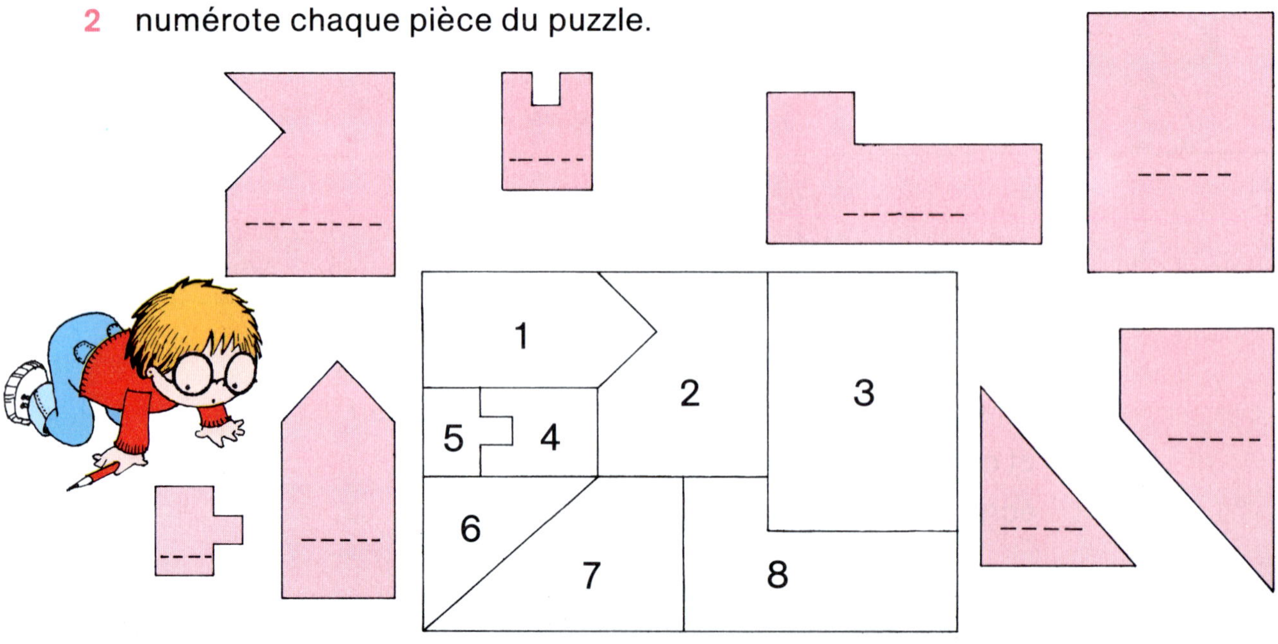

emboîtements

1 colorie de la même couleur les pièces qui s'emboîtent.

2 relie les morceaux de bois qui s'emboîtent.

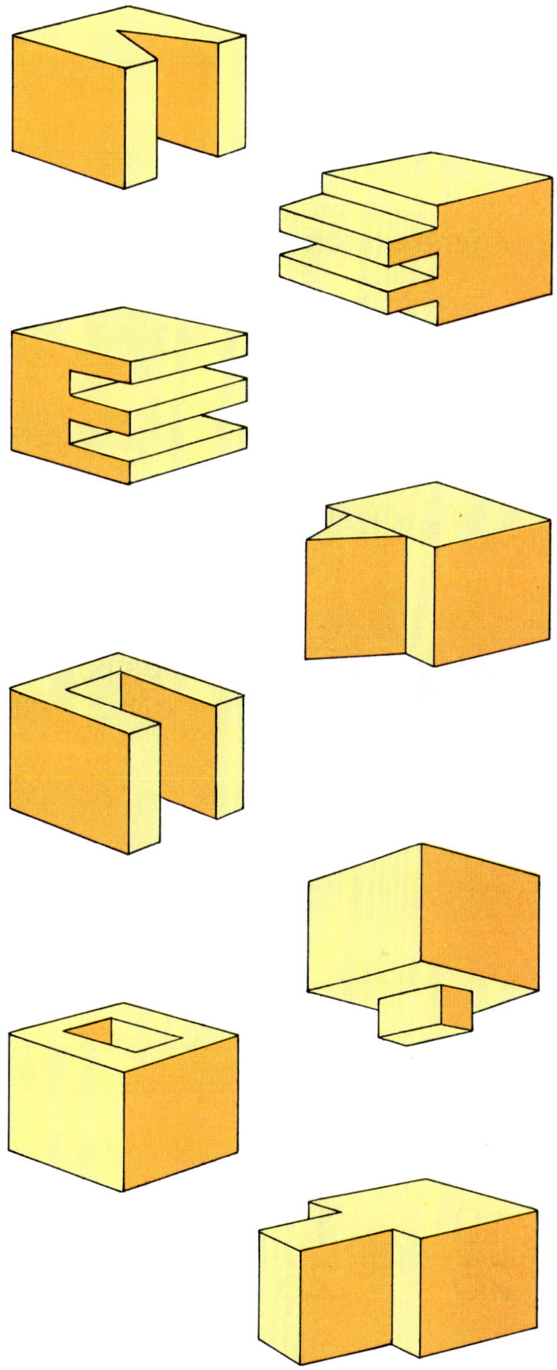

l'addition avec retenue

1 groupe par dix et complète le tableau.

	d	u
+		

2 même exercice.

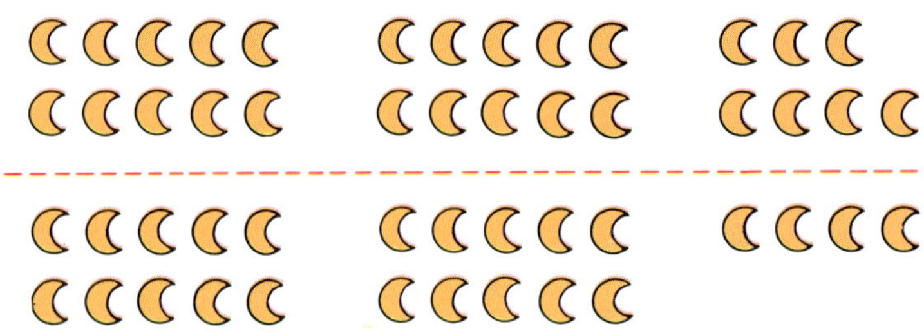

	d	u
+		

3 dessine des croix, groupe par dix et complète le tableau.

	d	u
	1	8
+	1	4

4 calcule.

13	17	15	12	19
+ 25	+ 25	+ 28	+ 28	+ 16

les nombres de cinquante à cinquante-neuf

1 complète le tableau.

d | u		
5 | 1	cinquante-et-un	50 + 1
d | u	cinquante-trois	50 + ...
5 | 9		.... + ...
5 | 4		.... + ...
5 | 7		.... + ...

2 effectue les opérations.

$$\begin{array}{r} 24 \\ +\,32 \\ \hline \dots \end{array} \quad \begin{array}{r} 41 \\ +\,12 \\ \hline \dots \end{array} \quad \begin{array}{r} 14 \\ +\,31 \\ \hline \dots \end{array}$$

$$\begin{array}{r} 25 \\ +\,34 \\ \hline \dots \end{array} \quad \begin{array}{r} 30 \\ +\,20 \\ \hline \dots \end{array} \quad \begin{array}{r} 37 \\ +\,14 \\ \hline \dots \end{array}$$

3 écris les nombres du plus petit au plus grand.

47 43 54 57 51 53

... < ... < ... < ... < ... < ...

4 écris les nombres du plus grand au plus petit.

51 47 59 58 56 41

... > ... > ... > ... > ... > ...

5 **cherche encore.**

la poule a 15 poussins. 8 sont avec elle.
combien sont encore dans le poulailler ?

opération

.... + ... = ...

il y a .... poussins dans le poulailler.

jeux de miroirs

1 colorie l'image dans le miroir.

2 colorie chaque fleur du bouquet d'une couleur différente.

3 colorie l'image dans le miroir.

calculs et problèmes

1 complète le tableau.

nombre qui précède		nombre qui suit
20	21	22
....	34	....
....	41	....
....	39	....
....	33	....
....	33	....
....	32	....

2 mets le signe qui convient
$(<, >, =)$

49 59
18 22
14 41
63 62
20 + 5 ..... 10 + 5
21 + 2 ..... 22 + 1
17 + 1 ..... 14 + 1
19 + 1 ..... 10 + 10

3 cherche encore

nicolas, éric et mathieu comptent l'argent de leur tirelire.
nicolas a 28 francs, éric 31 francs et mathieu 17 francs.

qui a le plus d'argent? ....

qui a le moins d'argent? ....

maman donne 5 francs à chacun.
Combien ont-ils dans leur tirelire?

nicolas a .... F

éric a .... F

mathieu a .... F

opérations

qui a le plus d'argent? ....

qui a le moins d'argent? ....

4 colorie les tirelires de nicolas, d'éric et de mathieu.

les nombres de soixante à soixante-neuf

1 complète le tableau.

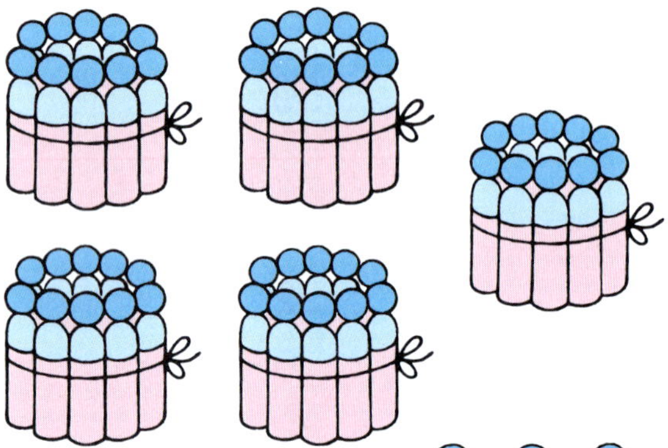

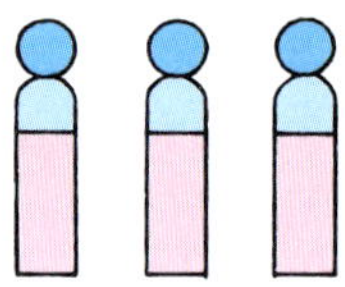

d	u

2 complète le tableau.

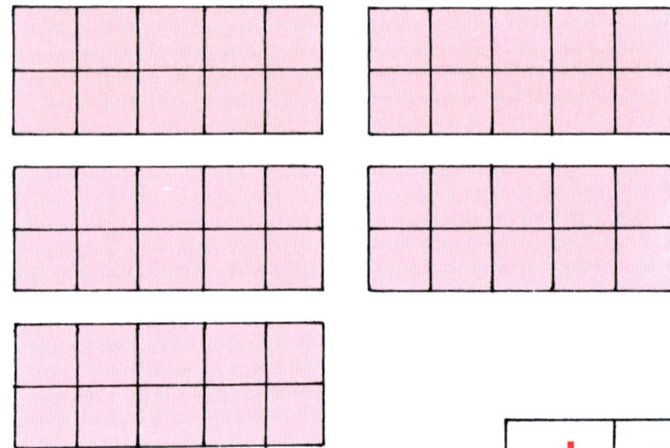

d	u

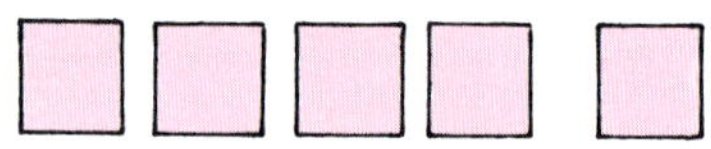

3 complète le tableau.

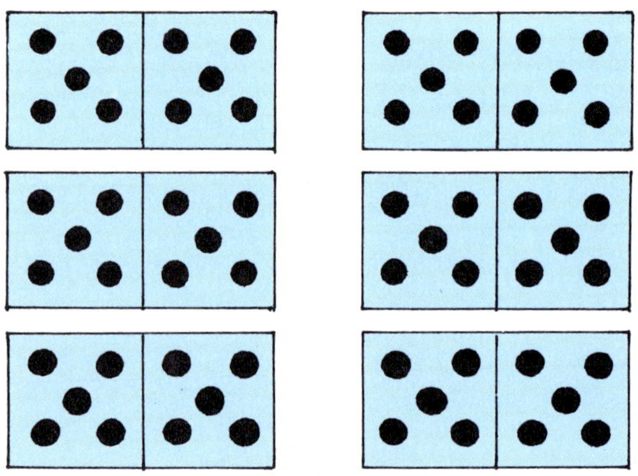

d	u

4 écris avec des chiffres.

soixante-six : ....

soixante-deux : ....

soixante-sept : ....

soixante-neuf : ....

soixante-quatre : ....

soixante-et-un : ....

5 calcule.

60 + 4 = ...	55 + 10 = ...	58 + ... = 60	3 + 3 = ...
60 + 8 = ...	51 + 10 = ...	52 + ... = 62	63 + 3 = ...
60 + 3 = ...	50 + 10 = ...	60 + ... = 60	30 + 30 = ...

symétrie

en utilisant ta règle, construis les figures symétriques par rapport au trait rouge

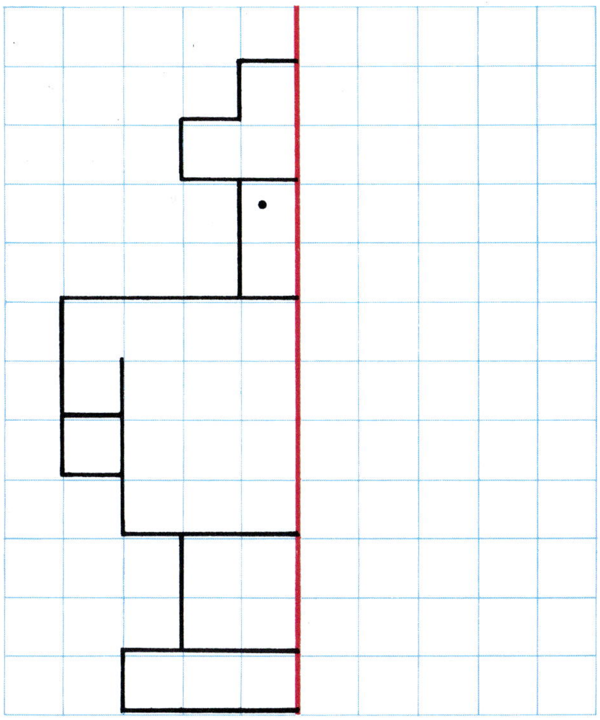

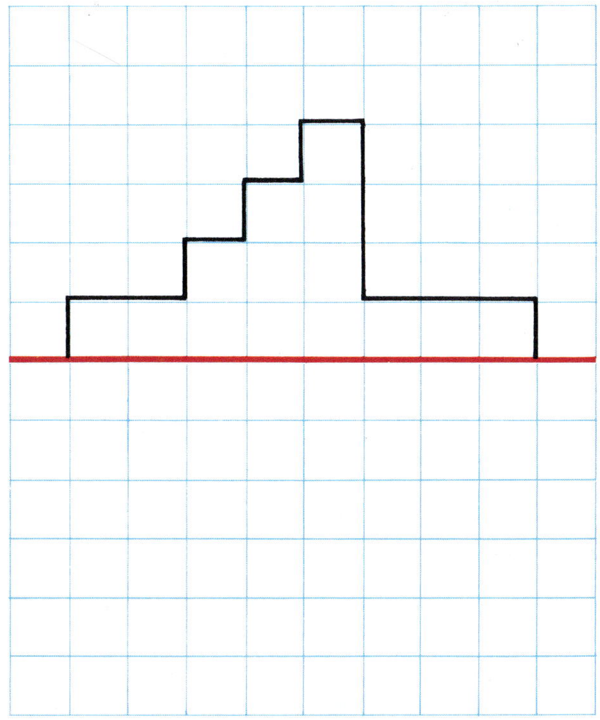

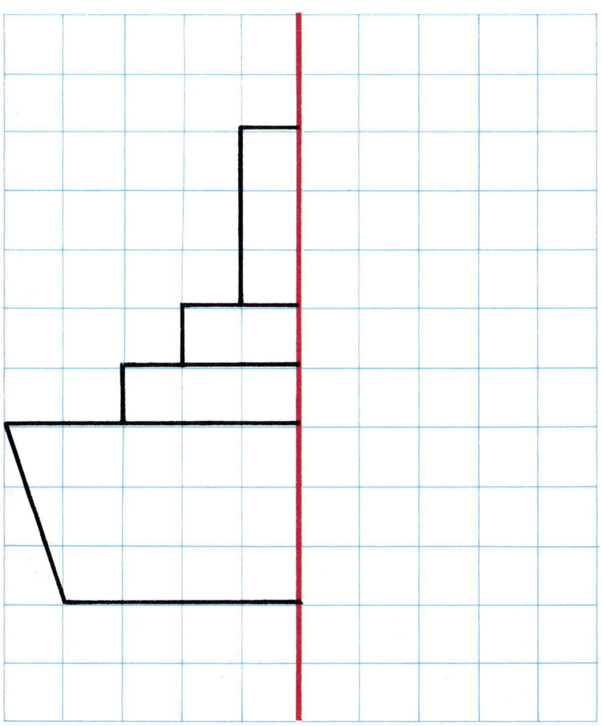

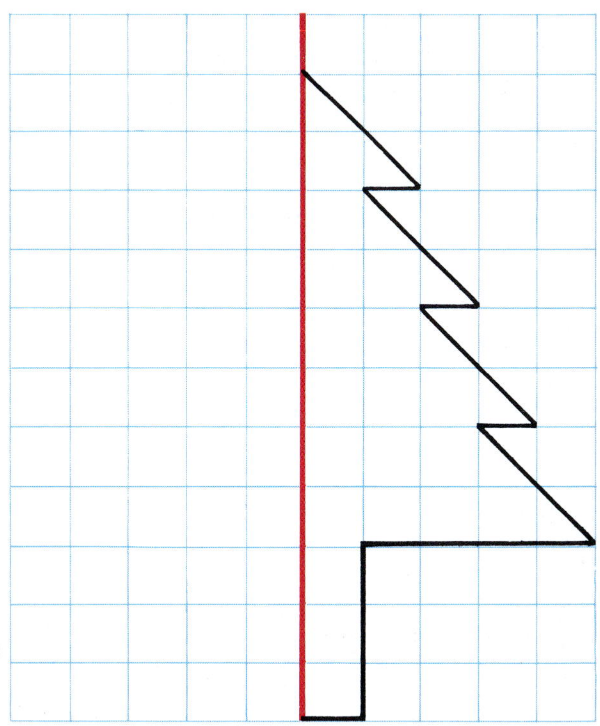

les nombres de zéro à soixante-neuf

1 complète les additions.

40 + 7 = ...	40 + ... = 48	.... + 3 = 23
50 + 6 = ...	50 + ... = 55	4 + ... = 44
60 + 5 = ...	60 + ... = 64	.... + 20 = 23
40 + 1 = ...	60 + ... = 67	.... + 6 = 26
40 + 8 = ...	30 + ... = 36	.... + 9 = 69

2 écris les nombres de 40 à 69.

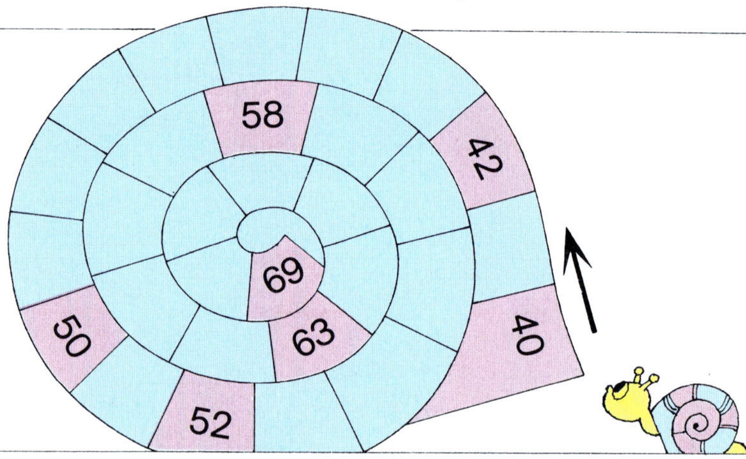

3 écris les nombres du plus petit au plus grand.

37 32 49 58 51 64 53 40

...... < ...... < ...... < ...... < ...... < ...... < ...... < ......

4 écris les nombres du plus grand au plus petit.

52 29 48 50 30 21 47 64

...... > .... > .... > ...... > ...... > ...... > ...... > ......

5 complète les additions.

5 + ... = 10	3 + ... = 10	4 + ... = 10
25 + ... = 30	53 + ... = 60	7 + ... = 10
6 + ... = 10	2 + ... = 10	27 + ... = 30
16 + ... = 20	32 + ... = 40	44 + ... = 50

quadrillages

1 en utilisant ta règle, reproduis le dessin sur l'autre quadrillage.

2 même travail.

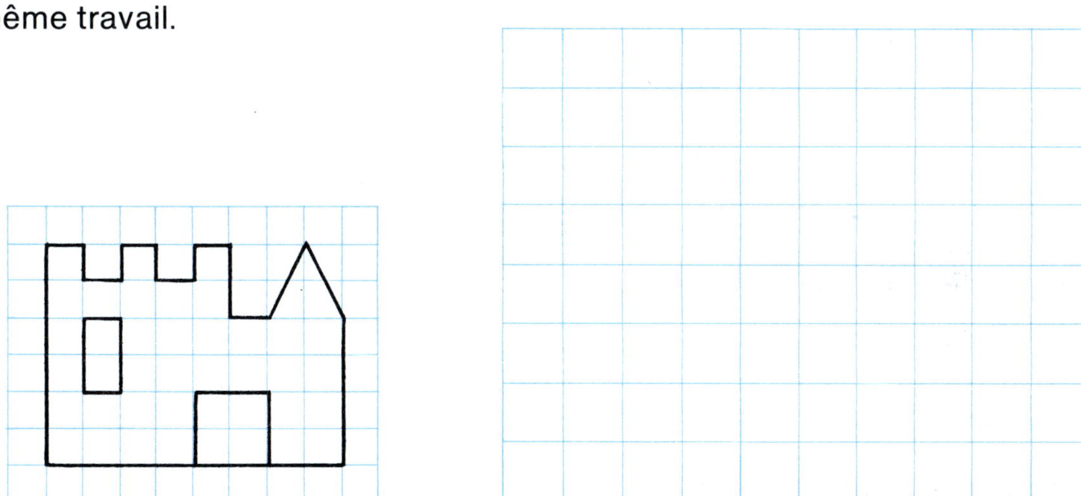

3 même travail.

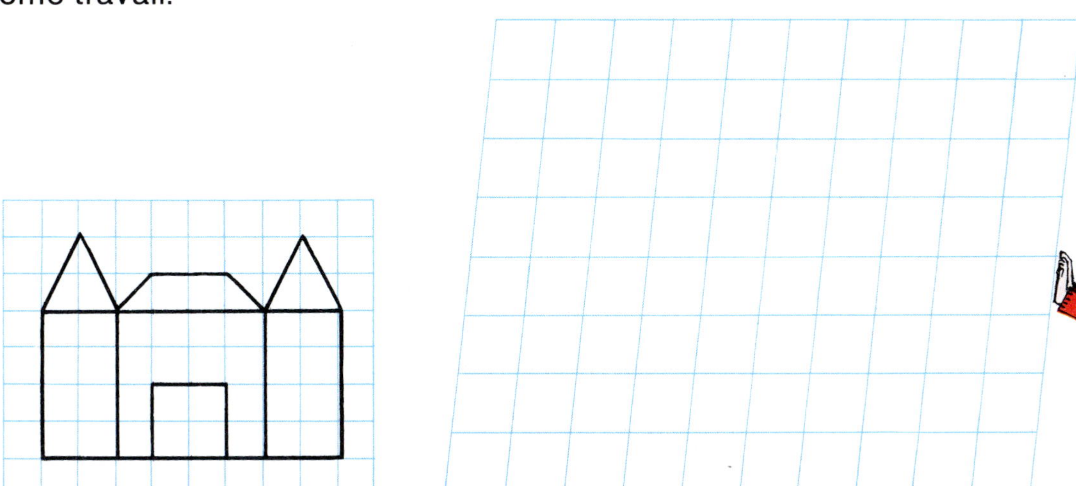

calculs et problèmes

1 complète les égalités.

2 + . . . = 8	2 + . . . = 5	7 = 3 + . . .
5 + . . . = 9	2 + . . . = 4	8 = 6 + . . .
4 + . . . = 7	5 + . . . = 8	9 = 4 + . . .
1 + . . . = 3	2 + . . . = 6	8 = 3 + . . .

2 complète les opérations.

2 .	1 .	25	22
+ . 5	+ . 4	+ . .	+ . .
59	37	48	68

3 **cherche encore.**

éric et émilie ont compté les hirondelles.

éric en a compté 24 sur un fil électrique

et émilie en a compté 32 sur un autre fil.

combien y en a-t-il en tout ?

réponse	**opération**

calculs et problèmes

1 calcule.

$$\begin{array}{r} 23 \\ +\,46 \\ \hline \end{array} \qquad \begin{array}{r} 31 \\ +\,25 \\ \hline \end{array} \qquad \begin{array}{r} 25 \\ +\,25 \\ \hline \end{array} \qquad \begin{array}{r} 38 \\ +\,18 \\ \hline \end{array} \qquad \begin{array}{r} 24 \\ +\,45 \\ \hline \end{array}$$

cherche encore.

2 pour son anniversaire, sophie a invité ses 4 cousines et 12 camarades. combien y a-t-il d'enfants pour le goûter (n'oublie pas sophie) ?

opération : .... + ... + ... = ...

il y a .... enfants au goûter d'anniversaire.

3 dans la bibliothèque de la classe, il y a 42 petits livres et 24 albums. combien y a-t-il de livres dans la bibliothèque ?

opération

il y a .... livres
dans la bibliothèque.

4 colorie la frise.

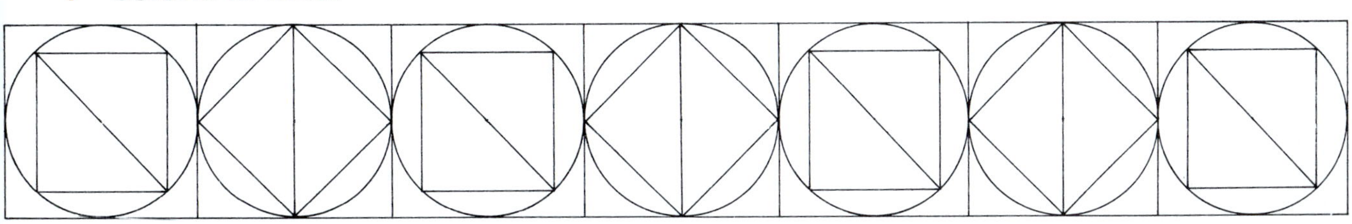

calculs et problèmes

1 calcule.

12 + 10 = ...	18 + 10 = ...	28 + 20 = ...
12 + 20 = ...	28 + 10 = ...	30 + 34 = ...
12 + 30 = ...	58 + 10 = ...	42 + 10 = ...
12 + 40 = ...	48 + 10 = ...	40 + 25 = ...

2 compte de dix en dix.

2	12	....	....	....	....	62
6	....	....	....	....	....	....
7	....	....	....	....	....	....
0	....	....	....	....	....	....

3 cherche encore.

le papa de mathieu a planté 20 pommiers, 10 poiriers et 12 cerisiers.
combien d'arbres a-t-il plantés ?

opération

il a planté .... arbres. | .... + ... + ... = ...

4 colorie la frise.

les nombres de soixante-dix à soixante-dix-neuf

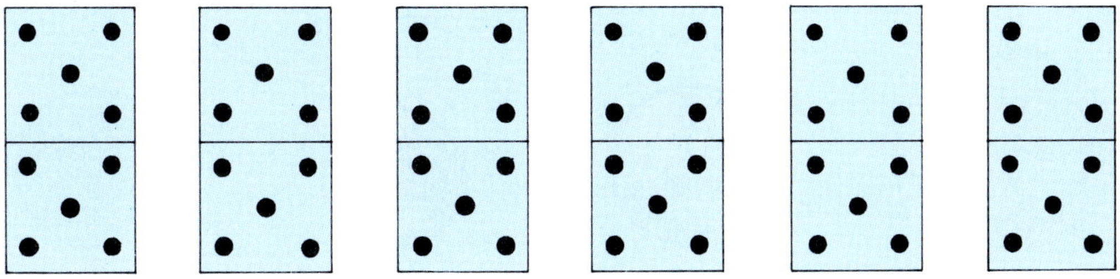

1 complète l'égalité.

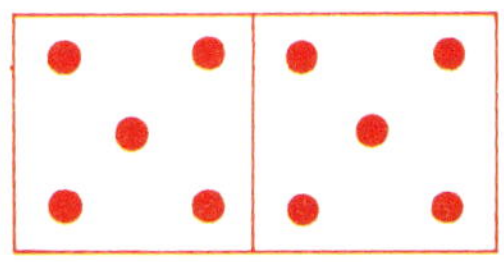

70 = ... + ...

2 calcule.

60 + 12 = . . .

60 + 14 = . . .

60 + 18 = . . .

60 + 10 = . . .

60 + 5 = . . .

60 + 13 = . . .

3 complète.

60 + . . . = 75

60 + . . . = 71

60 + . . . = 76

60 + . . . = 79

60 + . . . = 67

60 + . . . = 78

4 complète.

79 = 70 + . . .

74 = . . . + 70

73 = . . . + 60

77 = 70 + . . .

75 = . . . + 70

71 = . . . + 60

5 lecture de nombres.

64 16 14 18 17 71 62 76 78

59 48 77 70 19 43 78 72 73

problèmes

20 centimes 10 centimes 5 centimes 50 centimes

1 voici l'argent qu'émilie a dans son porte-monnaie.

voici l'argent que mathieu a dans son porte-monnaie.

émilie a . . . . centimes.

mathieu a . . . . centimes.

mathieu veut échanger son argent contre une seule pièce.

dessine cette pièce.

2 écris la somme représentée par les pièces dessinées.

	----------		----------
	----------		----------

problèmes

1 pour avoir 1 pièce de  il faut . . . . pièces de 

pour avoir 1 pièce de  il faut . . . . pièces de 

pour avoir 1 pièce de  il faut . . . . . . pièces de 

pour avoir 1 pièce de  il faut . . . . pièces de 

mathieu voudrait avoir	il a déjà	il lui manque

2 émilie achète une sucette à 60 centimes.
comment peut-elle payer ?

avec 2 pièces

◯ ◯

60 = ... + ...

avec 3 pièces

◯ ◯ ◯

60 = ... + ... + ...

itinéraires et déplacements

trace le chemin que sophie doit suivre pour rentrer à la maison.

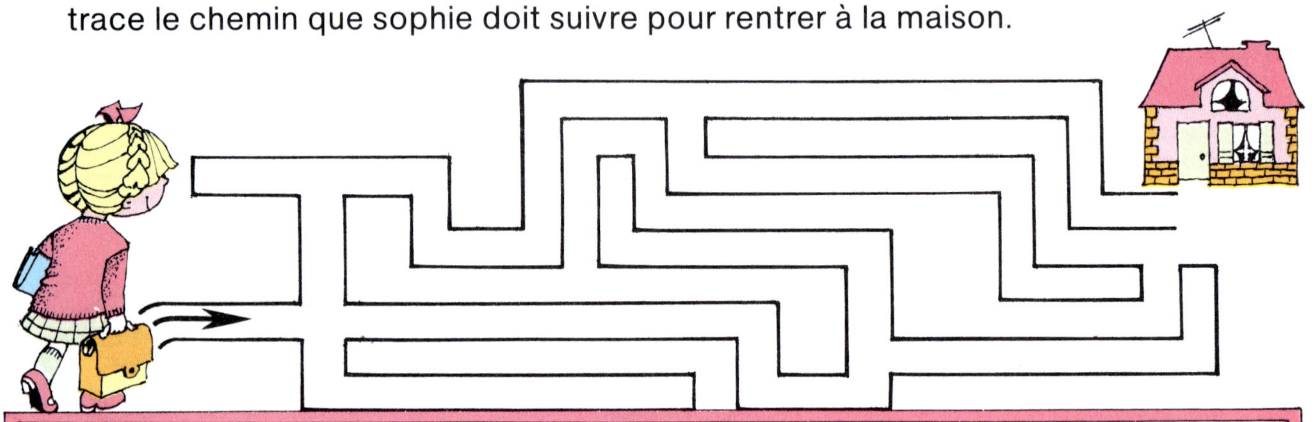

pour aller de la maison à l'école.

1 trace en bleu le chemin que peut suivre rémi.
2 carole passe par le parc, trace en noir le chemin qu'elle suit.
3 marc et julie se retrouvent sur le chemin de l'école,
trace en vert le trajet de marc, en rouge le trajet de julie.

itinéraires et déplacements

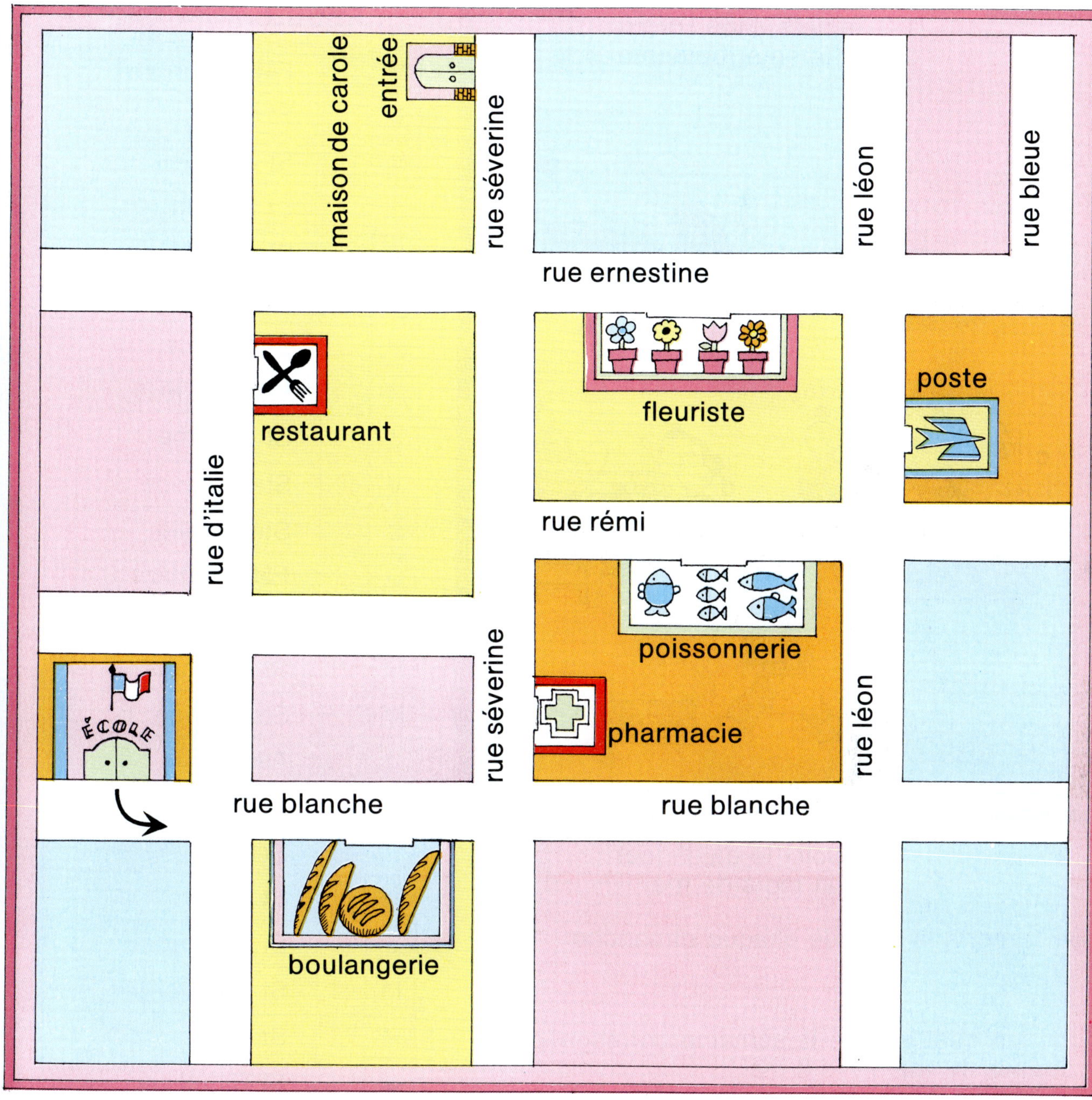

l'école se trouve, rue ....
la maison de carole, rue ....
le restaurant, rue ....
la poste, rue ....

la pharmacie, rue ....
la fleuriste, rue ....
la poissonnerie, rue ....
la boulangerie, rue ....

en rentrant de l'école, carole fait des courses
trace le chemin qu'elle prendra pour acheter

1 une baguette
2 un tube d'aspirine
3 des sardines
4 des timbres
5 un bouquet de fleurs

le temps

1 remets dans l'ordre ces différents moments

2 voici le calendrier d'un mois de mai

écris la date de chaque dimanche

à quel jour de la semaine correspond le 1er mai et le 8 mai ?

au mois de mai les jours fériés sont

tu ne vas pas à l'école le mercredi, le dimanche et les jours fériés.
calcule le nombre de jours de classe

M	1	**Fête du travail**
J	2	St Boris
V	3	St Jacques
S	4	St Sylvain
D	5	**Ste Judith**
L	6	Ste Prudence
M	7	Ste Gisèle
M	8	**Victoire 1945**
J	9	St Pacôme
V	10	Ste Solange
S	11	Ste Estelle
D	12	**Fête J. D'Arc**
L	13	Ste Rolande
M	14	St Matthias
M	15	Ste Denise
J	16	**Ascension**
V	17	St Pascal
S	18	St Eric
D	19	**St Yves**
L	20	St Bernardin
M	21	St Constantin
M	22	St Emile
J	23	St Didier
V	24	St Donatien
S	25	Ste Sophie
D	26	**Pentecôte**
L	27	**St Augustin**
M	28	St Germain
M	29	St Aymar
J	30	St Ferdinand
V	31	Visitation

la mesure des longueurs et des masses

les longueurs

1 écris la liste des rubans qui ont la même longueur

que le ruban **rouge** 

que le ruban **bleu** 

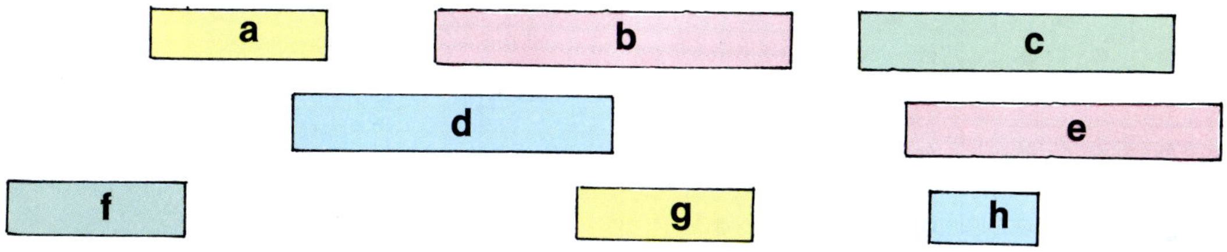

les masses

2 indique ce qui est

plus lourd que le canard

. . . .

moins lourd que le canard

. . . .

aussi lourd que le canard

. . . .

3 indique les objets qui sont aussi lourds que **a**

. . . .

les nombres de quatre-vingts à quatre-vingt-neuf

1 complète les tableaux.

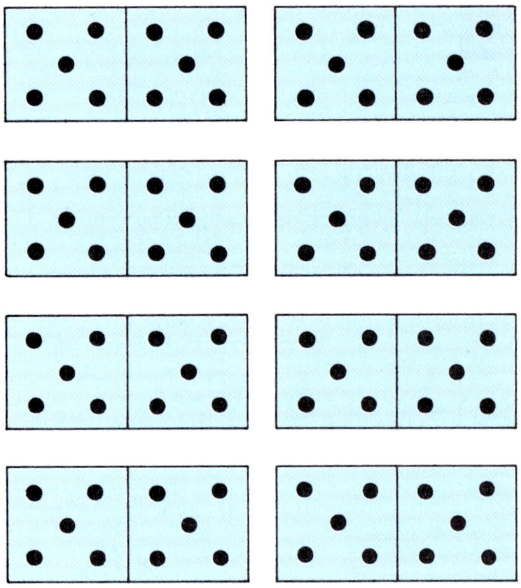

d	u

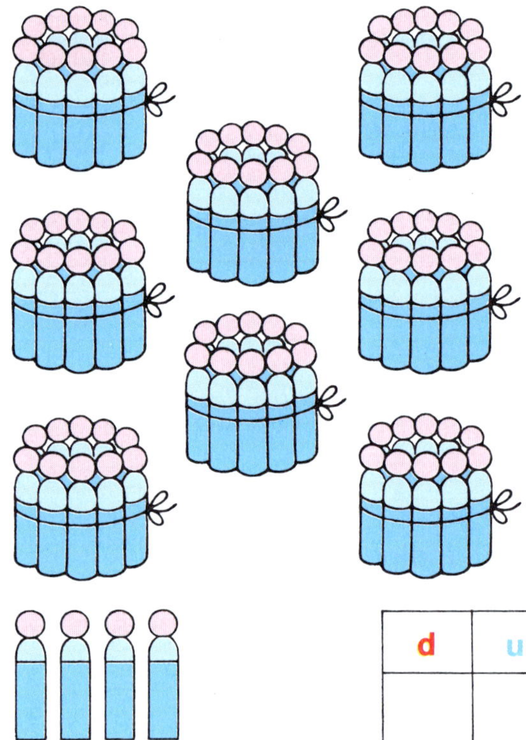

d	u

2 complète le tableau.

84	quatre-vingt-quatre	8 dizaines 4 unités	84 = 80 + 4
-------	quatre-vingt-huit	-----dizaines---unités	.... = ... + ...
81	----------------------	-----dizaines---unités	.... = ... + ...
-------	----------------------	8 dizaines 6 unités	.... = ... + ...
89	----------------------	---dizaines--- unités	89 = 80 + 8

3 complète les additions.

20 + 20 = ...

20 + 20 + 20 = ...

20 + 20 + 20 + 20 = ...

20 + 20 + 20 + 10 = ...

70 + ... = 80

80 + ... = 87

.... + 8 = 88

.... + 10 = 80

84 = 80 + ...

89 = ... + 9

80 = 79 + ...

85 = ... + 5

calculs et problèmes

1 calcule.

$$\begin{array}{r} 23 \\ +\ 56 \\ \hline \dots \end{array} \qquad \begin{array}{r} 52 \\ +\ 17 \\ \hline \dots \end{array} \qquad \begin{array}{r} 28 \\ +\ 39 \\ \hline \dots \end{array} \qquad \begin{array}{r} 43 \\ +\ 27 \\ \hline \dots \end{array} \qquad \begin{array}{r} 34 \\ +\ 28 \\ \hline .. \end{array}$$

2 tous les enfants d'une école font un voyage en autocar.
le premier autocar transporte 27 filles et 16 garçons.
le second autocar transporte 19 filles et 23 garçons.

opérations

calcule le nombre de filles de l'école :

calcule le nombre de garçons de l'école :

calcule le nombre d'enfants dans le premier autocar :

calcule le nombre d'enfants dans le second autocar :

peux-tu chercher autre chose ?

jeux de couleurs

1 en utilisant une ou deux de ces couleurs, peux-tu colorier toutes ces quilles de façon à ce qu'elles soient différentes les unes des autres ? essaie.

2 complète le tableau.

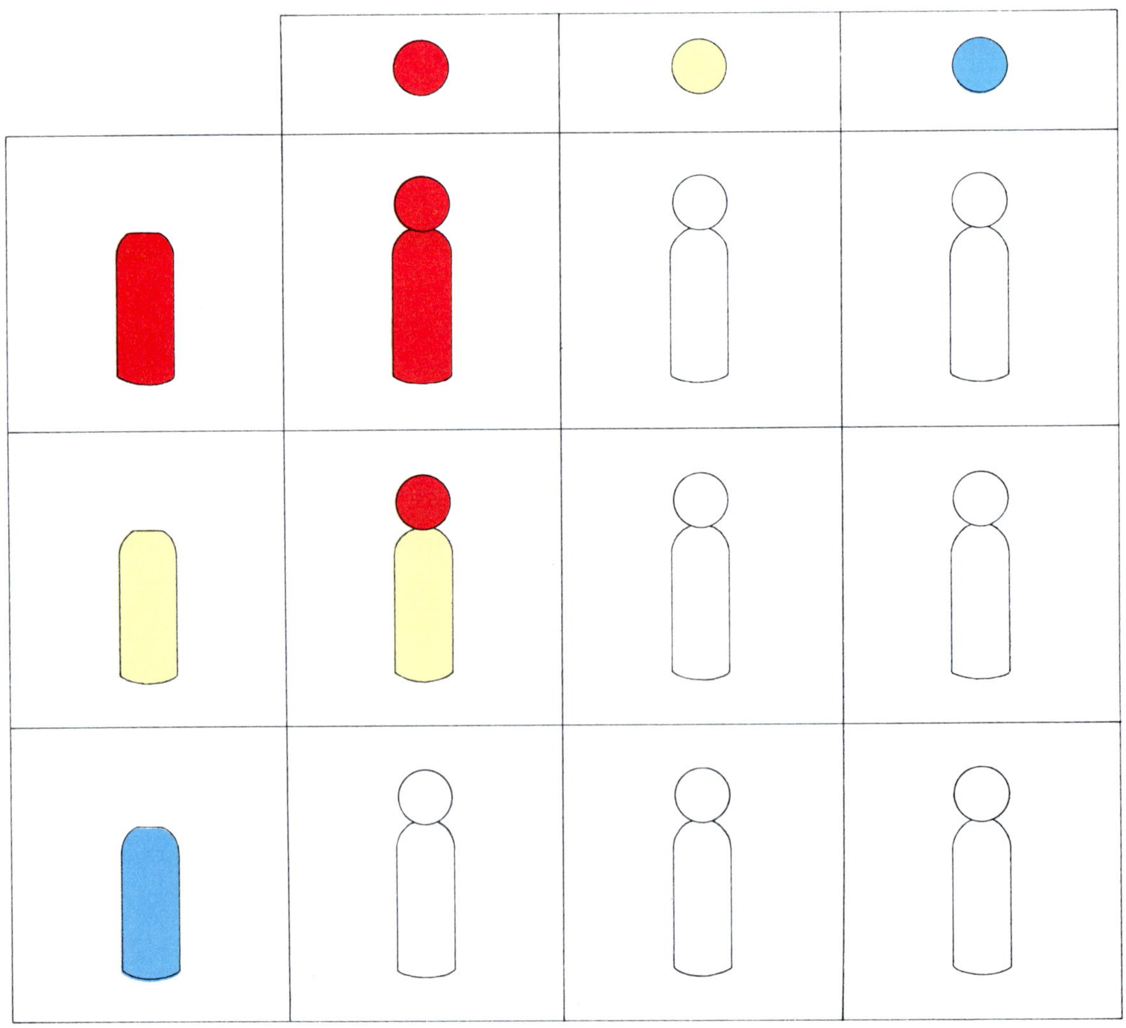

compare avec ce que tu avais trouvé.

jeux de couleurs

1 en utilisant une ou deux de ces couleurs, peux-tu colorier toutes ces fleurs de façon à ce qu'elles soient toutes différentes les unes des autres? essaie.

2 observe l'exemple et colorie ces fleurs.

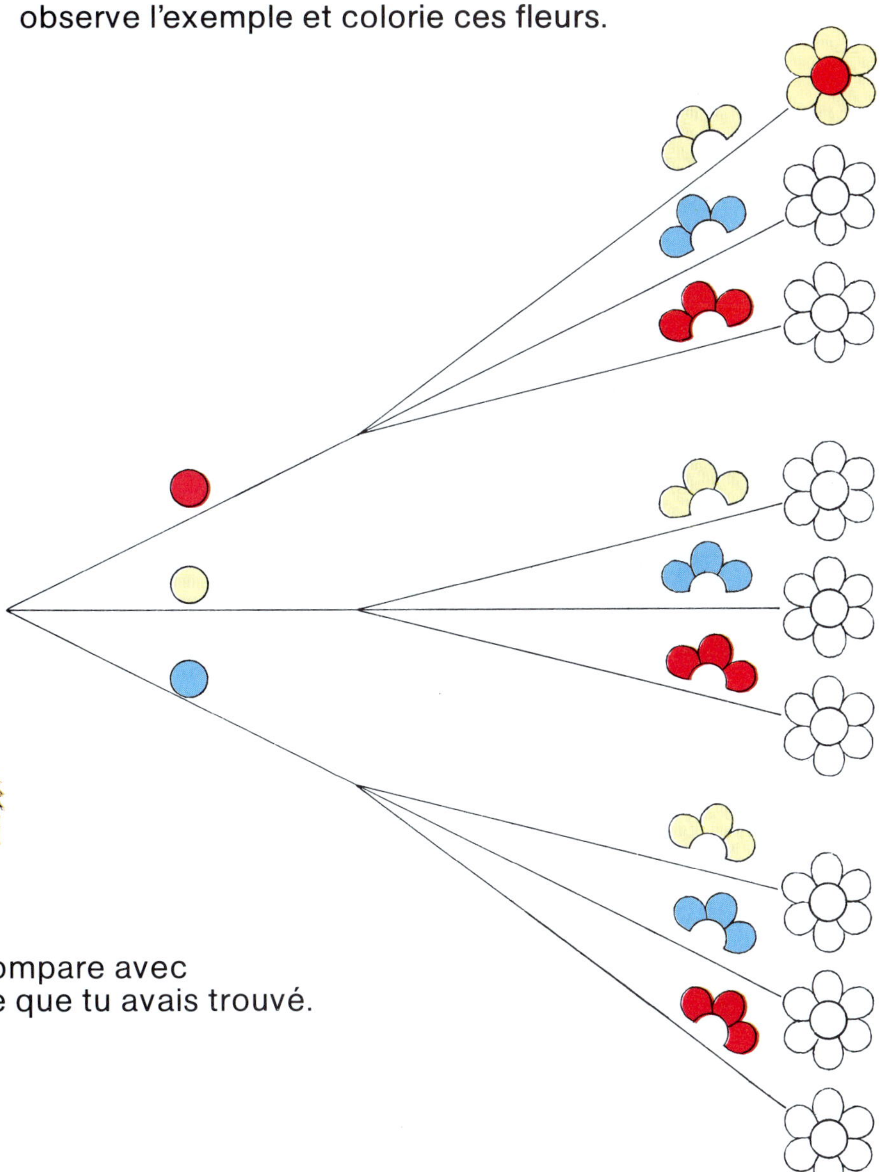

compare avec
ce que tu avais trouvé.

les nombres de quatre-vingt-dix à quatre-vingt-dix-neu

1 complète le tableau.

94	quatre-vingt-quatorze	80 + 14	90 + 4
97	------------------------------	80 + ...	90 + ...
99	------------------------------	80 + ...	90 + ...
-------	quatre-vingt-onze	80 + ...	90 + ...
--------	quatre-vingt-douze	80 + ...	90 + ...

2 effectue les additions.

70 + 25 = ...	60 + 38 = ...
56 + 41 = ...	45 + 45 = ...
47 + 52 = ...	38 + 58 = ...

3 relie les points.
de 60 à 99.

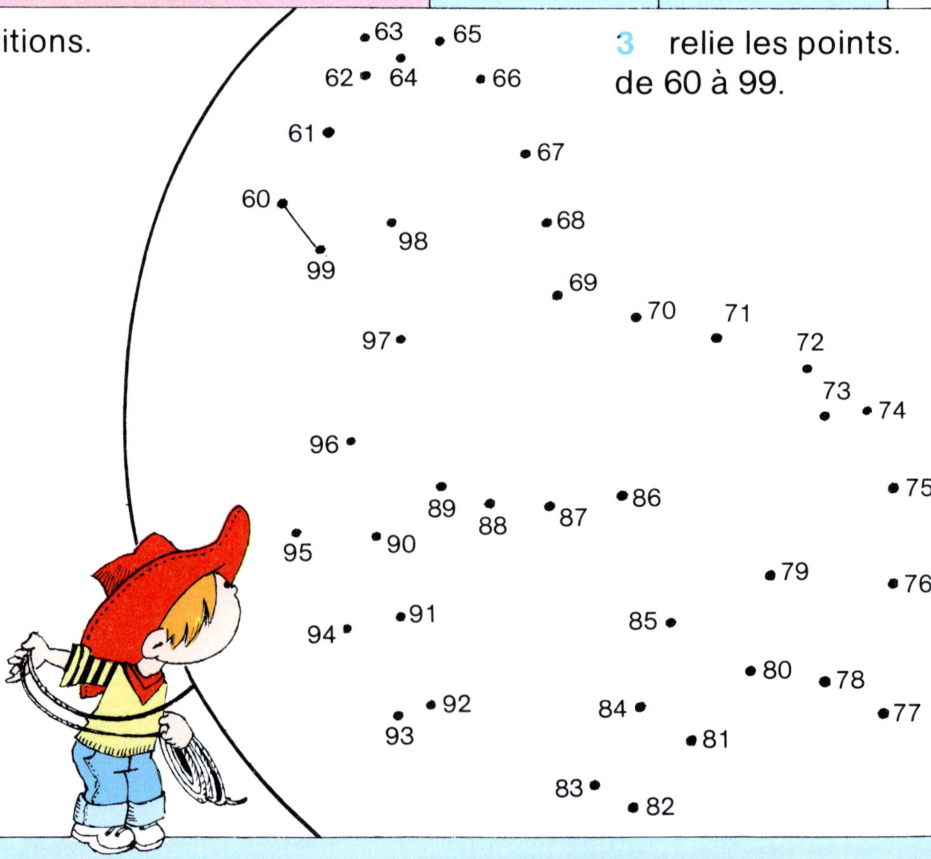

4 lecture.

80	42	82	79	97	68	96
98	56	76	67	95	85	94
74	91	72	92	42	93	99

problèmes

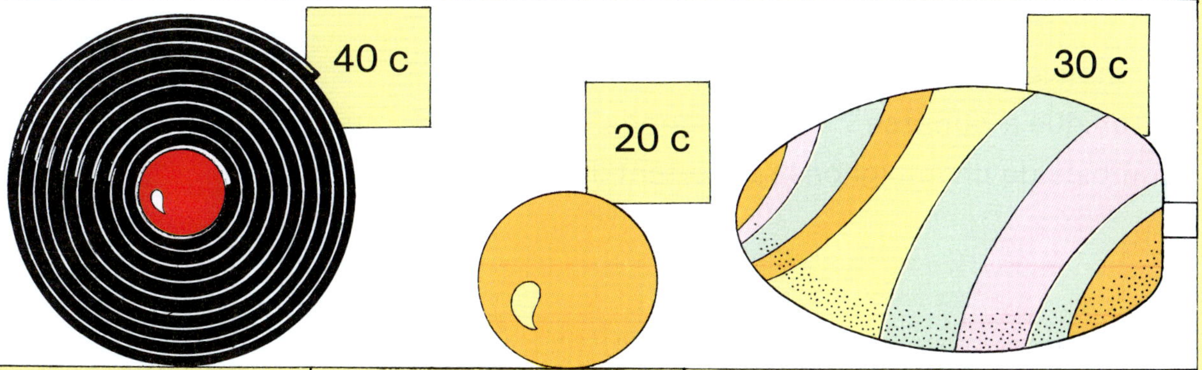

pour acheter	éric doit payer	opérations
	 c	
	 c	
	 c	
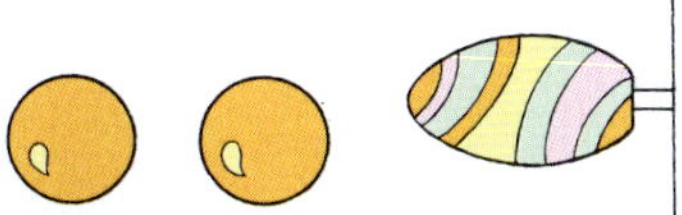	 c	
	 c	

dessine ce qu'éric peut acheter

avec 30 centimes	
avec 50 centimes	
avec 60 centimes	

problèmes

1 mathieu a ramassé 45 champignons.
véronique a ramassé 27 champignons.
combien de champignons rapportent-ils ?

opération

2 l'épicier a rangé 23 bouteilles de jus d'orange
15 bouteilles de jus de pomme et 33 bouteilles de jus de raisin.
calcule le nombre total de bouteilles.

opération

3 le pâtissier doit fabriquer 75 croissants.
il en a déjà fait cuire 60.
combien doit-il encore en préparer ?

opération

problèmes

1 compte de deux en deux et relie les points.

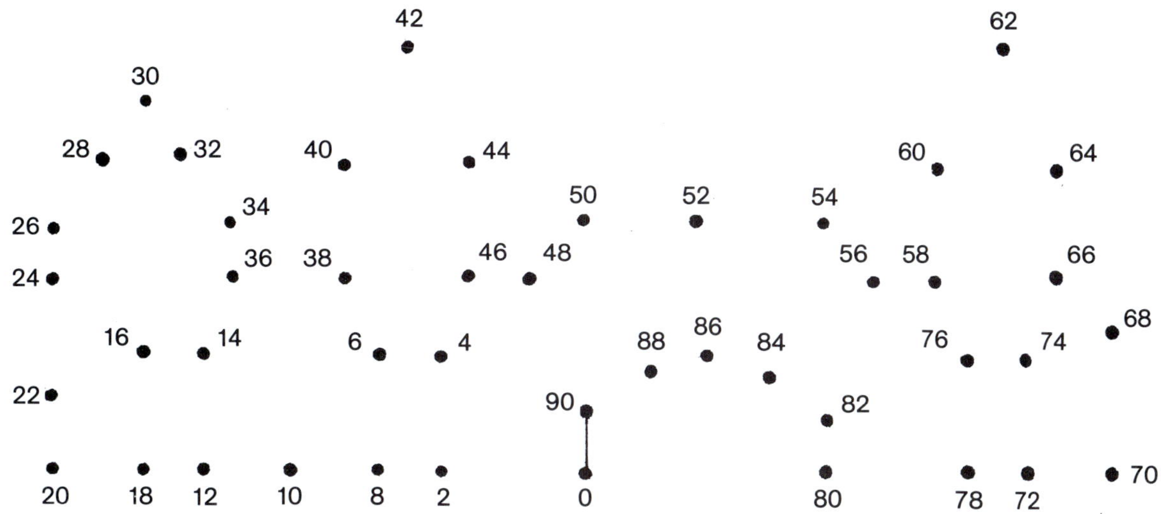

2 éric et émilie commandent des jouets.

ballon 10 F téléphone 30 F voiture 14 F dînette 21 F toupie 13 F

voici la commande d'éric

	prix en F
1 téléphone	--------
1 ballon	--------
1 voiture	--------
total	--------

complète

voici la commande d'émilie

	prix en F
1 toupie	--------
1 dînette	--------
1 ballon	--------
total	--------

qui doit payer le plus cher ? ....

problèmes

voici des motos que tu vas colorier en rouge, en bleu et en noir.

sur les motos rouges il y a 3 motards avec un casque jaune
2 motards avec un casque vert
sur les motos bleues il y a 2 motards avec un casque vert
1 motard avec un casque jaune
1 motard avec un casque orange
sur les motos noires il y a 1 motard avec un casque jaune
motards avec un casque orange
3
2 motards avec un casque vert

colorie les motos et les casques des motards.
quelles questions peux-tu poser?
essaie de donner les réponses.

opérations

calculs et couleurs

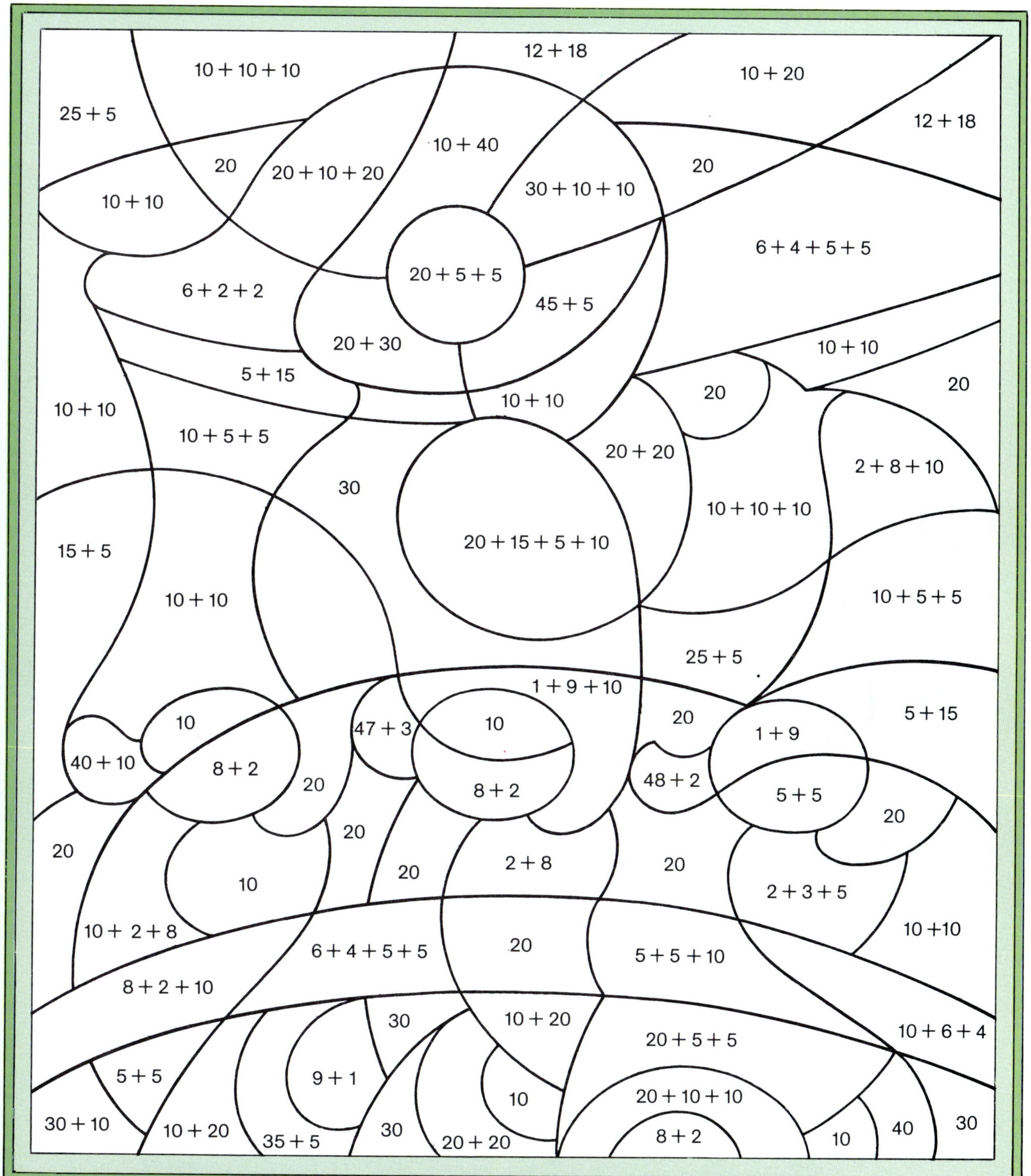

colorie en bleu les cases où la somme est égale à 20

vert les cases où la somme est égale à 30

jaune les cases où la somme est égale à 10

rose les cases où la somme est égale à 40

orange les cases où la somme est égale à 50

table d'addition

	0	1	2	3	4	5	6	7	8	9
0										
1										
2										
3										
4										
5										
6										
7										
8										
9										

Maury-Imprimeur S.A. – 45330 Malesherbes – Dépôt légal : avril 1994
Dépôt légal de la 1re édition : 3e trimestre 1981 – N° d'impression : C94/46284 M
Imprimé en France